元素週期表

	1	2	3	4	5	6	7	8	9
週期一	1 氫 H								
週期二	3 鋰 Li	4 鈹 Be							
週期三	11 鈉 Na	12 鎂 Mg							
週期四	19 鉀 K	20 鈣 Ca	21 鈧 Sc	22 鈦 Ti	23 釩 V	24 鉻 Cr	25 錳 Mn	26 鐵 Fe	27 鈷 Co
週期五	37 銣 Rb	38 鍶 Sr	39 釔 Y	40 鋯 Zr	41 鈮 Nb	42 鉬 Mo	43 鎝 Tc	44 釕 Ru	45 銠 Rh
週期六	55 銫 Cs	56 鋇 Ba	57-71 鑭系元素	72 鉿 Hf	73 鉭 Ta	74 鎢 W	75 錸 Re	76 鋨 Os	77 銥 Ir
週期七	87 鍅 Fr	88 鐳 Ra	89-103 錒系元素	104 鑪 Rf	105 𨧀 Db	106 𨭎 Sg	107 𨨏 Bh	108 𨭆 Hs	109 䥑 Mt

57 鑭 La	58 鈰 Ce	59 鐠 Pr	60 釹 Nd	61 鉕 Pm	62 釤 Sm	63 銪 Eu
89 錒 Ac	90 釷 Th	91 鏷 Pa	92 鈾 U	93 錼 Np	94 鈽 Pu	95 鋂 Am

							18
							2 氦 He
	13	14	15	16	17		
	5 硼 B	6 碳 C	7 氮 N	8 氧 O	9 氟 F	10 氖 Ne	
10	11	12	13 鋁 Al	14 矽 Si	15 磷 P	16 硫 S	17 氯 Cl	18 氬 Ar
28 鎳 Ni	29 銅 Cu	30 鋅 Zn	31 鎵 Ga	32 鍺 Ge	33 砷 As	34 硒 Se	35 溴 Br	36 氪 Kr
46 鈀 Pd	47 銀 Ag	48 鎘 Cd	49 銦 In	50 錫 Sn	51 銻 Sb	52 碲 Te	53 碘 I	54 氙 Xe
78 鉑 Pt	79 金 Au	80 汞 Hg	81 鉈 Tl	82 鉛 Pb	83 鉍 Bi	84 釙 Po	85 砈 At	86 氡 Rn

64 釓 Gd	65 鋱 Tb	66 鏑 Dy	67 鈥 Ho	68 鉺 Er	69 銩 Tm	70 鐿 Yb	71 鎦 Lu
96 鋦 Cm	97 鉳 Bk	98 鉲 Cf	99 鑀 Es	100 鐨 Fm	101 鍆 Md	102 鍩 No	103 鐒 Lr

科學天地　95A　World of Science

有機化學天堂祕笈

克萊因／著

師明睿／譯

ORGANIC CHEMISTRY I
AS A SECOND LANGUAGE
Translating the Basic Concepts

by David R. Klein

作者簡介

克萊因（David R. Klein）

　　克萊因在約翰霍普金斯大學（Johns Hopkins University）教書，主要教授的課程是有機化學跟普通化學。他的教學方式生動而有創意，最善於把困難的化學意涵，套進生活化的類比，讓學生能毫無困難的了解、吸收。克萊因介紹有機化學的獨特方法，最能幫助學生掌握有機化學的重點，為學習有機化學打下良好根基。

譯者簡介

師明睿

　　普度大學（Purdue University）生物化學博士 ，曾任賽門佛瑞哲大學（Simon Fraser University）生物系講師，現任職疾病管制局。

　　暇時嘗從事自由翻譯工作。譯作有《費曼的主張》、《萬物簡史I～IV》、《費曼物理學講義I》（第1、2冊）、《費曼物理學訣竅》等等（皆為天下文化出版）。

有機化學天堂祕笈　　目錄

序
學有機化學就像看電影一樣簡單

克萊因

　　每一個修過有機化學的人都說：這門課好難！真的很難嗎？老實說，答案應該「是」跟「否」參半。說「是」，是因為啃有機化學最費工夫，比學習「潛水編織籃子」還要費事。說「否」的原因是，說它難的學生是自己 K 書方法出了問題，導至事倍功半。我這個說法可不是無的放矢，絕對是「有所本」。不相信你自己去問問，你會發現絕大多數學生都認為，讀有機化學必須靠死背。**大錯特錯**！許多曾修過有機化學的學生，因為成績遠不如預期，為了讓自己好過一些，還散布了一個永垂不朽的謠言，說有機化學是大學裡難度最高的一門課。

　　既然不要死背，那要怎麼讀？為了回答此問題，我們可以把修習有機化學比方成看電影。你可以想像有機化學是情節錯綜複雜、每秒都是關鍵的電影。「刺激驚爆點」（*Usual Suspects*）就是非常貼切的例子。如果你上電影院觀賞這類片子，你可是須臾都不能離開，否則很可能錯過了重要情節。所以無論有多麼急都得勉強憋著，等到劇終時才能上洗手間。聽起來很熟悉吧？

　　有機化學正是如此，它的故事很長，只要你專注不分心，會發現故事的發展是有道理的，隨內容不斷發展，情節環環相扣，若你的注意力渙散，很容易就墮入了五里霧中。

好，就算它像電影，但有機化學真的不需要強記？當然的確有些東西免不了需要背誦，包括一些專有名詞及某些重要的觀念，但要背的東西並不多。試想，如果我給你一張單子，上面列了一百個阿拉伯數字，要你全部記住來考試，你大概會很煩惱。然而同時你大概能不假思索地告訴我，至少十個你經常打的手機號碼，每個號碼共十個數字。你多半不曾坐下來強記那些電話號碼，你撥久了自然就背下來了，要打時號碼就從腦海跳出來了！現在讓我們瞧瞧，這跟前述的電影比喻怎麼搭上線。

你大概認識那種喜歡一部電影時，會一股作氣一連看它五次以上的人，他不僅對劇情瞭若指掌，連對白也能倒背如流。你知道他如何辦到的嗎？其實他從未處心積慮要把電影背下來。一般人看完一部片子時，所能搞清楚的通常只是故事的大概輪廓。看第二次時才會進一步了解片中各個場景對故事發展的貢獻。看第三次時才懂得對白跟故事走向之間的關係。等到看完了第四遍，就能信手拈來引述許多台詞，**根本不費吹灰之力，就可以把台詞記得滾瓜爛熟了。**因為熟悉了整個故事架構之後，台詞就會自然又合理地刻印在心坎裡。如果我給你一本電影劇本，叫你花上十個小時、盡全力去背裡面的內容，你大概沒辦法背得太完整。但是如果讓你坐在銀幕前，同樣也花上十個小時把這部電影重複看上五遍，你不用怎麼費力也可以把電影中大部分的內容都自動鑴刻在腦子裡，可以不假思索地叫出各個角色的名字，記得各個場景的前後次序，以及大部分的對白等等。

有機化學正是如此，單靠著硬記死背必然吃力不討好。但是你若肯把注意力放在將課程中的情節、場景、個別觀念等零碎片段，融合成一個有機化學故事，然後把它當電影來看，絕對能讓你在學習上事半功倍。當然在學習之初，要用點心思記住必要的專門術語，經過足夠練習後，這些術語自會成為本能的一部分。以下讓我簡介一下這本書的綱要。

有機化學電影情節簡介

　　這本書的前半段故事是為了化學反應所做的鋪陳，要介紹各類分子以幫助我們搞懂化學反應。我們從原子說起，因為原子是建構分子的素材，此外還要研究原子如何組成不同的鍵。我們把注意力放在各原子間可形成的不同化學鍵上，探討各種鍵的性質以及它如何能夠左右分子的形狀與安定性。而針對此點，我們不只需要使用專有名詞來描述分子的種種，也得學會代表各類分子的通用圖畫跟名稱。我們要知道分子如何在空間中移動變形，也要領會同類分子之間的關係。至此，完全搞清楚分子的重要特性，奠定研討各種化學反應的知識基礎。

　　接下來的主角就是各種化學反應，它們按照反應牽涉到的官能基，分別歸納在各章之下。在每一章裡各自形成一個次要情節，並跟整個故事相互呼應。

如何使用本書

　　這本書將幫助你更有效率地學習有機化學。它點出有機化學故事中的各個關鍵場景，讓你不會浪費掉寶貴時間。本書為你列舉出有機化學中的重要原理，並說明它們跟課程其他部分為什麼密不可分。在每一章節內，都會盡量提供工具，使你更容易去了解教科書裡面跟在課堂上聽到的內容。也就是說，這本書教你更懂得有機化學的語言。**不過本書並不能取代你的課本、你的上堂聽講、或其他的學習**。此書也不同於幫助學習有機化學的《克里夫筆記》（譯注：Cliff Notes，為目前美國學生使用最廣泛的一種坊間 K 書指南品牌。此品牌原為 1958 年由 Cliff Hillegass 所創，1998 年賣給了出版本書的 John Wiley 公司）。這本書它著重於有機化學的基本觀念，這些基本觀念能提升你對有機化學的接受能力，讓你嗣後上課堂聽講或讀

教科書時形同如虎添翼。不過要發揮此書的最大功效，你需要知道如何讀這門課的竅門。

如何在有機化學上拿高分

這門課的訴求分成兩方面：

1. 了解原理
2. 解決問題

雖然這兩方面的性質完全不同，授課老師卻都習慣以測試你解決問題的能力，來衡量你對原理的了解程度。所以，為了獲得好的成績，你必須兩者兼顧、不可偏廢。所有重要原理都在教科書裡跟隨堂筆記上，但解決問題的能力卻得靠**你自己**去發掘與建立。絕大部分的學生在這方面都頗有困擾。在這本書中，我們研究出的一些問題逐步分析步驟，可以讓你的解題能力突飛猛進。你必須即刻養成一個簡單的習慣：**學會問正確的問題**。

如果你肚子痛去看醫生，醫生必然會問你一串問題，例如：痛多久啦？哪兒痛？它是時好時壞，還是一直痛個不停？發作前吃了些什麼？等等例如此類的問題。他問問題時其實是在做兩件非常重要且非常不同的事，第一是證明他已經學會了問正確的問題，其次是他在把他對肚子痛有關的醫學專業知識，跟你提供的答案相互對比，以期作出恰當的診斷。值得注意的是，他採取的第一個步驟就是問你正確的問題。

接下來我們假想，你打算控告麥當勞速食店，因為你在那兒打翻了滾燙的咖啡在自己的大腿上。於是你去拜訪律師，律師見到你之後同樣問你一串問題，目的是要用她在訴訟方面的專業知識，去研判你的案子值不值得打。同樣，她的第一步也是問你一些正確的問題。

事實上，無論從事哪一行，發生問題時都要分析癥結所在，且

都是從問問題著手的。讓我們假設你在考慮是否真的想當醫生，那麼你應該問你自己一些嚴肅的問題。而重點又是必須知道，問哪些問題才正確。

解決有機化學這門課的問題當然也不例外。只不過很不幸的是，原本在這方面你得完全靠自己。不過你很幸運，這本書將為你列舉出一些常見的有機化學問題類型，然後逐一告訴你，在遇到某一類型問題的情況下，你應該問哪些問題。更重要的是，我們還為你研發出一套技巧，讓你在遇見從未見過的問題時，也能想出該問的問題來。

許多學生在考試時，一見到陌生問題立即不知所措。如果此時此刻你能聽到他們的心聲，大概會像是：「我不會啊……鐵定當的啦！」這些念頭不但於事無補，而且還會打亂思緒、浪費用腦的寶貴時間。記住！即使到了山窮水盡、走投無路之際，你依然要鎮定地問自己：「現在我該問些什麼問題呢？」

若要真正精通解題，只有一個不二法門，那就是每天勤於練習。絕對不可能只靠讀過一本書，就脫胎換骨變成解題專家。你必須實地動手去試驗，失敗之後再接再厲，從失敗中學習。在解答不出時一定很有挫折感，但這就是學習的過程。

最糟糕的事莫過於在讀了習題解答之後，就自以為懂得了如何解題。這根本不可能。如果你想得 A，就得下些功夫（沒有痛苦哪來成果？）而那並不意味你要日以繼夜地去苦背答案，那些只會苦背的學生，日子的確很不好過，但其中能夠如願得 A 的，卻如鳳毛麟角。

得高分的方法很簡單：首先複習課程中的各項原理，直到了解它們在整個故事中所擔當的角色，然後**把剩餘時間全部投注在練習解題上**。請放心！只要你的態度跟讀書方法正確，有機化學並不像傳聞中那麼困難。而本書將發揮路徑圖的功能，幫助你避開冤枉路，順利到達目的！

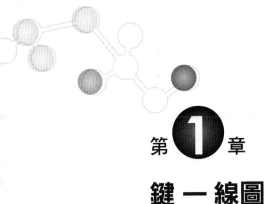

第**1**章

鍵 － 線 圖

　　要在有機化學上得高分，你必須學會的第一件事，就是解讀有機化學中代表化合物的各種圖像。當你見到一個分子圖時，最重要的是要能讀取該圖像中的一切資訊。如果沒這個本事，就會連掌握最基本的反應跟觀念都辦不到了。

　　分子的畫法有很多種，例如：

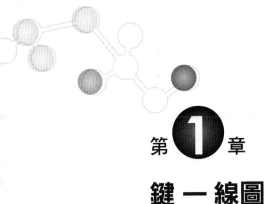

　　上面三個式子代表的是同一個分子。毫無疑問，最右邊的結構（鍵－線圖）畫起來最省事、也最容易理解，是最好的溝通方式。打開你的有機化學教科書，翻到後半部，你會發現每頁幾乎都布滿各式各樣的鍵－線圖。多數學生都會漸漸熟悉這些分子圖，卻並不見得知道，能夠毫無困難且迅速地看懂這些鍵－線圖，有多重要。

本章的目的就是要幫助你練就迅速看懂鍵—線圖的本事。

1.1 如何解讀鍵—線圖

鍵—線圖是以碳骨架（分子中以碳原子相連建成的架構）為主，外加—OH 或—Br 等官能基的結構圖。畫成鋸齒狀的線條，每根短直線的端點都代表一個碳原子。下面的化合物就有 6 個碳原子：

有個常犯的錯誤就是忘掉直線的兩端都有碳原子。比方說，下面這個分子有六個碳（你自己數數看，小心別數錯）：

雙鍵是以兩條直線來表示，而參鍵則以三條線來代表：

畫參鍵時要記住，參鍵兩端延伸出去的兩根線，得跟參鍵保持在同一條直線上，而不能成為鋸齒狀。原因是參鍵事實上就有著直線性質（在本書稍後有關分子幾何學的章節裡，還會詳述）。也許一開始你會有些搞不清楚，不知道參鍵兩端共有幾個碳原子，所以讓我們把它弄得更明白些：

別讓參鍵把你搞糊塗。參鍵兩端的碳原子以及與參鍵連接的另外兩
個碳原子，全在同一條直線上，除了參鍵之外，其他鍵都得畫成拐
來拐去的鋸齒狀：

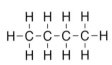　　　　　　　畫成這樣：　　　　　

但是

　　　　　　　畫成這樣：

練習 1.1 數一數下面各個鍵─線圖中的碳原子數：

答　案 第一個化合物有六個碳原子，第二個化合物有五個碳原子：

習　題 數一數下面各個鍵─線圖中之碳原子數。

1.2 答案：＿＿　　1.3 答案：＿＿　　1.4 答案：＿＿　　1.5 答案：＿＿

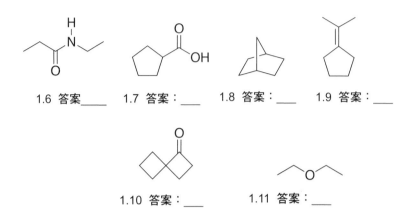

1.6 答案____   1.7 答案：___   1.8 答案：___   1.9 答案：___

1.10 答案：___   1.11 答案：___

（習題的答案，請看書末。）現在我們知道如何去數鍵─線圖中的碳原子數目了。接下來我們還要學會數鍵─線圖中的氫原子數。鍵─線圖不只沒把碳原子畫出來，也沒把氫原子畫出來，所以鍵─線圖很容易畫，而且可以畫得很快。有個法則可以決定每個碳原子上有幾個氫原子：**正常的碳原子永遠有四根鍵**。以下圖為例，用方塊框出來的碳原子在鍵─線圖上只顯現出兩根鍵：

這個方塊中的碳原子
只顯現出兩根鍵

因而我們認定，碳原子另外兩根沒畫出來的鍵，連接的就是沒畫出來的氫原子（以湊足四根鍵）。這樣畫可以省下畫氫原子的時間，而且一般人應該都能從一數到四，所以即使沒有畫出氫原子，也算得出該有幾個。

因此你只需數一下，鍵─線圖中每一個碳原子上有幾根鍵，就知道要補上多少個氫原子，好讓鍵的總數達到四，算過幾次之後，

你自然會習慣這種畫法，達到一眼「看」出每個碳原子上的氫原子數目的境界。為了幫你早些具備這項本領，我們這就來做練習。

練習 1.12 下面這個分子有 14 個碳原子，請算出每個碳原子上的氫原子數。

答 案

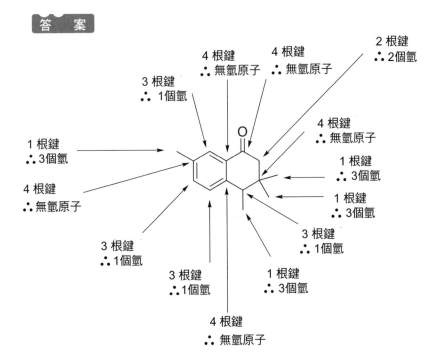

習　　題 請將以下各分子中每一個碳原子上的氫原子個數都標示出來。（其中 1.13 已經解好了，上面標示的數字表示碳原子上的氫原子數目。）

1.13　　　　　1.14　　　　　1.15　　　　　1.16

1.17　　　　　1.18　　　　　1.19　　　　　1.20

現在我們可以了解，鍵─線圖能省時，原因之一是它不需畫出碳跟氫，但它的好處並不僅如此，它比別的表示方法容易畫，也比別的表示方法容易解讀。以下面這個化學反應為例：

$$(CH_3)_2CH=CHCOCH_3 \xrightarrow[\text{Pt}]{H_2} (CH_3)_2CH_2CH_2COCH_3$$

從這個反應裡我們不太容易看出來究竟發生了什麼事。你需要仔細「盯」它好一會兒，比較前後兩個化合物的不同，才會清楚哪裡發生了改變。然而若我們用鍵─線圖來表示上述反應，情況即刻變得一目瞭然：

一看到上面的式子，你馬上知道進行了什麼反應。你知道我們正在把兩個氫原子分別加到雙鍵的兩端，把雙鍵變成為單鍵。事實是一旦習慣了鍵—線圖，就能夠迅速掌握反應中發生的種種變化。

 1.2 如何畫鍵—線圖

知道了如何解讀鍵—線圖，接下來就要學畫鍵—線圖。以下面這個分子為例：

要以鍵—線圖表示這個分子，我們先把重點放在碳骨架上，還得把上圖中不是碳（C）跟氫（H）的原子全畫出來，所以畫法如下：

在做更多習題之前，有三個重點要注意：

1. 別忘了長直鏈上的碳原子必須畫成拐來拐去的鋸齒狀：

要畫成：

2. 畫雙鍵時，兩端延伸出去的鍵線跟雙鍵的夾角愈大愈好：

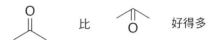

3. 在畫拐來拐去的鋸齒狀碳鏈時，下一根鍵朝哪個方向畫都可以：

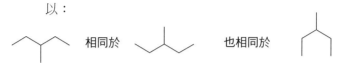

習 題 請把下面所給結構的鍵—線圖畫在右邊的框框內。

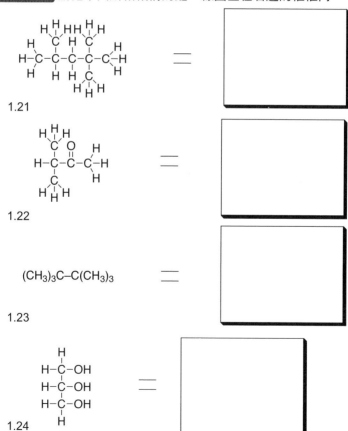

1.3 須避免的錯誤

1. **絕對不可以**在一個碳原子上畫四根以上的鍵。碳原子上只有
   四個電子軌域，最多只能形成四根鍵（鍵的形成是因為兩個
   原子的電子軌域相互重疊），這點限制對週期表上第二列的所
   有元素都適用。這一個問題我們會在本書稍後學習畫共振結
   構的那一章中，進一步詳談。

2. 在畫分子時，你要麼把所有的 H 跟 C 都畫出來，或畫鍵一線
   圖，把 H 跟 C 全都隱去。你**不能**選擇只畫 C 而略去 H，例如：

上面的畫法不好，你可以所有的 C 都省略掉（這樣最好），或
是把 H 都補齊，畫成：

3. 在畫鋸齒狀碳鏈上的碳原子時，盡量把每個鍵畫得離愈遠愈
   好：

4. 在畫鍵一線圖時，如果 H 跟碳以外的原子相連，這些 H 就一
定要畫出來，例如：

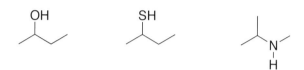

 更多練習

首先，拿出你的有機化學教科書，翻到該書的後半部，從裡面
隨機選擇一些鍵一線圖來練習，務必要能達到見圖就能毫不猶疑地
說出：有幾個碳原子、每一個碳原子上有幾個氫。

接下來請看看下面的反應，發生了什麼變化？

先別管變化**如何**發生，等學到反應機制時，你自然會了解。目前只
要說出發生了什麼變化。以上面的反應為例，我們可以說：我們加
了兩個氫原子到分子上（在雙鍵兩端各加一個氫）。

請看另一個例子：

在此例中，我們**去除了**一個 H 跟一個 Br，形成一個雙鍵（以後等到
討論機制時，我們會了解，去除的事實上是 H^+ 跟 Br^-）。如果你看
不出該反應中有一個 H 被去除的話，那麼你要去比較反應物與產物
之間，氫原子數目的變化：

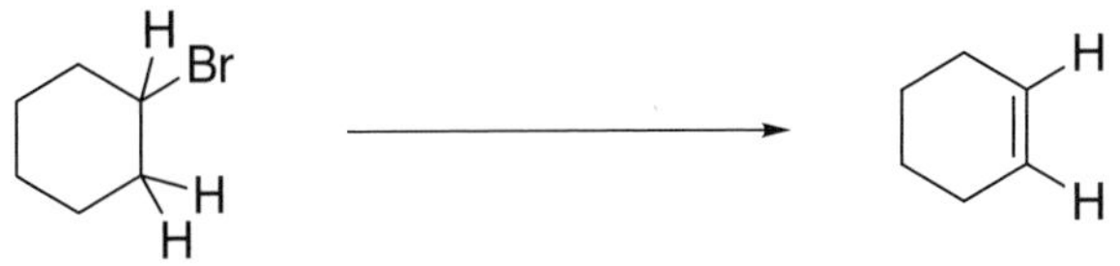

請再看一例：

在上例中，分子中的一個溴被一個氯**取代**。

習　　題 請清楚說明以下各題反應中發生的變化，答案欄中請填入：我們加進了……、我們去除了……、或是我們以……取代了……。

1.25

答案：＿＿＿＿＿＿＿＿＿＿＿＿＿＿＿＿＿＿＿＿＿

＿＿＿＿＿＿＿＿＿＿＿＿＿＿＿＿＿＿＿＿＿＿＿＿＿

1.26

答案：＿＿＿＿＿＿＿＿＿＿＿＿＿＿＿＿＿＿＿＿＿

＿＿＿＿＿＿＿＿＿＿＿＿＿＿＿＿＿＿＿＿＿＿＿＿＿

1.27

答案：＿＿＿＿＿＿＿＿＿＿＿＿＿＿＿＿＿＿＿＿＿

＿＿＿＿＿＿＿＿＿＿＿＿＿＿＿＿＿＿＿＿＿＿＿＿＿

1.28

答案：_____

_____

1.29

答案：_____

_____

1.30

答案：_____

_____

1.31

答案：_____

_____

1.32

答案：_____

_____

1.5 確實認識形式電荷

形式電荷（formal charge）是指那些我們必須在鍵—線圖中畫出來的電荷（可正可負）。它們極為重要，如果該畫的時候沒畫出來，那麼你的鍵—線圖就不完整（也就是錯的）。因此你必須知道，什麼時候要畫，以及要如何畫形式電荷。如果你沒學會這項本事，你就無法畫出共振結構圖（第2章我們就要介紹了），而且你的有機化學要及格，只怕很難了！

要了解形式電荷究竟是什麼，我們首先得學會如何計算形式電荷，因為一旦知道這項計算方法，你就會懂得什麼是形式電荷。如何計算形式電荷呢？

要計算出一個原子上有沒有形式電荷，需要知道這個原子**應該**有的價電子數目，我們可以從週期表上該原子所屬的「行」透露出它有幾個價電子（價電子是原子的電子中，屬於價層或最外層的電子——高中化學曾經講過，你應該還記得）。譬如說，碳元素位於週期表的第四行，所以碳原子有四個價電子。現在這個原子有幾個價電子，你就都一清二楚了。

接下來我們來看看，這個原子在鍵—線圖中，**實際上**有幾個價電子，我們又如何去算計呢？

讓我們舉例說明，考慮下面化合物中央的碳原子：

$$H_3C - \overset{\overset{\displaystyle \cdot\cdot}{|}}{\underset{\underset{\displaystyle H}{|}}{C}} - CH_3$$

記住，每一根鍵代表由兩個原子共享的兩個電子。我們先把圖裡中心碳原子四周的每根鍵都畫成兩個電子，並把其中一個電子放在這個碳原子旁，另一個放在另一個原子旁：

然後數一數這個碳原子受幾個電子圍繞：

結果是四個電子，這就是這個碳原子實際上擁有的價電子數。

下一步是比較這個原子**應該**有的價電子數（碳的價電子數為四）跟**實際上**擁有的價電子數（這個例子的答案為四）。由於這兩個數字相等，所以這個碳原子沒有形式電荷。你在有機課程裡要畫的結構圖，絕大部分都是這種情形。不過偶爾某個原子應有的電子與實際上有的電子，數目不一樣，因此它就有了形式電荷。讓我們舉有形式電荷原子的實例來說明。

考慮下面結構中的氧原子：

首先我們要問氧原子**應該**有幾個價電子？記得週期表中，氧元素的位置是在第六行，所以氧原子的價電子數目是六。其次我們要看這個氧原子在結構裡面的處境，看它**實際上**有幾個價電子。因此我們把上圖中的 C—O 鍵分開成兩個電子：

氧原子除了從 C—O 鍵分得一個電子以外，它還有三對未共用電子對。所謂未共用電子對是指你有兩個沒有形成鍵的電子，它們的表示方法是在原子旁畫兩個點，上圖中的氧原子有三對未共用電子。記住在數未共用電子對時，每對是兩個電子，因此我們發現，這個氧原子實際上有七個價電子，比應有的價電子數（6 個）多出一個。所以這個氧原子有一個負電荷：

練習 1.33 下面這個化合物中的氮原子是否有形式電荷：

$$H-\underset{\underset{H}{|}}{\overset{\overset{H}{|}}{N}}-H$$

答案 由於氮元素位於週期表的第五行，它應該有五個價電子。現在我們數數看它實際上有幾個價電子：

$$H\cdot\underset{\underset{H}{\cdot}}{\overset{\overset{H}{\cdot}}{N}}\cdot H$$

它只有四個，比它應該有的數目少了一個，因此這個氮原子上攜帶著一個正電荷：

$$H-\overset{\overset{H}{|}}{\underset{\underset{H}{|}}{\overset{\oplus}{N}}}-H$$

習題 決定次頁各化合物分子中的氧或氮原子，是否有形式電荷，如果有的話，請把該電荷畫出來。

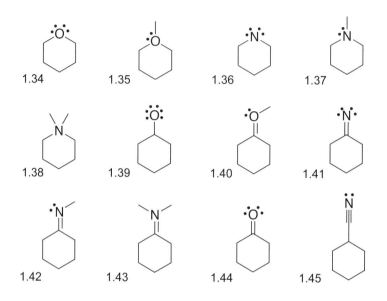

接下來我們就要考慮有機化學裡最重要的元素：碳原子。之前我們看到碳總是有四根鍵。這讓我們能在畫鍵一線圖時，省略掉畫氫原子的麻煩，原因是我們假設，每個人都會從一數到四，即使沒有把氫畫出來，大家都知道碳原子上連接了幾個氫原子。不過這個說法有個前提，就是碳原子上沒有形式電荷（事實上在絕大多數的分子結構中，大多數碳原子上的確沒有形式電荷）。但是現在我們既然知道了形式電荷，就要考慮如果碳有形式電荷，會出現怎樣的情形。

如果碳有形式電荷，顯然我們不能再認定這個碳一定有四根鍵。事實上，一旦有了形式電荷，碳都只能有三根鍵，為何會如此呢？讓我們先考慮 C^+ 的情況，然後再看 C^-。

如果碳原子有一個**正的**形式電荷，它實際上只有三個價電子（碳元素位於週期表的第四行，它應該有四個價電子），但因為只有三個價電子，它只能形成三根鍵，就是這麼簡單。所以，帶有正形式電荷的碳只能有三根鍵，而你在算沒畫出來的氫原子數時，必須記住

這一點：

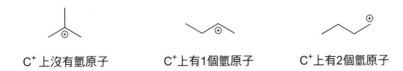

C⁺上沒有氫原子　　　　C⁺上有1個氫原子　　　　C⁺上有2個氫原子

　　接下來我們考慮碳原子上有一個負的形式電荷的情況。碳會有一個負電荷是因為它實際的價電子數，比它應有的多出了一個，也就是它有五個價電子。其中有兩個形成了一對未共用電子對，剩下的三個形成了三根鍵：

$$\begin{array}{c} H \\ | \\ H-C:^{\ominus} \\ | \\ H \end{array}$$

　　碳會有未共用電子對，是因為我們不可能把五個電子全用在形成鍵結上。碳**永遠不可能**有五根鍵。為什麼？因為電子必須待在一個叫做「軌域」的空間內，含有一個電子的軌域可以去跟另一個原子的單電子軌域重疊，形成一根安定的鍵，或者原子軌域也可以包含兩個自己的電子而穩定下來（稱為未共用電子對）。碳原子只有四個軌域，因此絕對不會形成五根鍵。這就是為何當碳原子帶一個負電荷時，會形成未共用電子對（如果你仔細看上圖，就能數出四個軌域來：一個由未共用電子對占有，其他三個形成鍵結）。

　　總而言之，帶有一個負電荷的碳原子也是形成三根鍵（這跟帶一個正電荷的碳原子相同）。在你計算沒畫出來的氫原子數時，也必須記住這一點：

C⁻上沒有氫原子

1.6 找出沒有畫出來的未共用電子對

　　從以上所述的情況（氧、氮、碳）看來，你可以了解，為了要算出原子上有沒有形式電荷，你必須先知道它有幾對未共用電子對（通常在圖上並不把它們畫出來）。其實，你如果想知道原子上有幾對未共用電子對，也得先搞清楚它是否有形式電荷。讓我們看看下面這個含氮原子的例子：

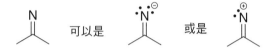

如果畫出了氮上的未共用電子對，我們就能計算出它的形式電荷（如圖所示，若有兩對未共用電子對，就表示應該有一個負電荷，當有一對未共用電子對時則是有一個正電荷）。同樣地，如果圖上畫了形式電荷，我們就能一看就知道究竟有幾對未共用電子對（一個負電荷表示有兩對，而一個正電荷則表示只有一對）。

　　所以你可以看到，如果沒畫出形式電荷，就要點出未共用電子對。不過傳統的辦法是標示形式電荷而不點出未共用電子對。因為標示形式電荷比較容易，一般說來，鍵－線圖難得出現形式電荷，即使有，最多也只有一個而已，比起點出所有未共用電子對要省時間。

　　現在我們已經確認，**一定**要把形式電荷畫出來，但未共用電子對**不一定**要畫。不過正因為不把未共用電子對點出來，我們得訓練自己能一眼看出沒畫出的未共用電子對。這項本事跟前面的自我要求看出鍵－線圖中未畫出的氫原子數目，其實大同小異。只要知道算法，就能毫不費勁地看出哪兒有未畫出的未共用電子對啦！

　　讓我們看一個例子的示範：

在這個例子裡，我們要看的是氧原子。氧是在週期表的第六行，所以應該有六個價電子。其次，我們得把形式電荷也一併考慮進來，圖上這個氧原子有一個負電荷，表示它有一個額外的價電子，也就是總共 6 + 1 = 7 個電子。那麼它有多少對未共用電子對呢？

這個氧只有一根鍵，這意思是說，它用掉了七個價電子中的一個去形成這根鍵，剩下的六個電子必然全部組成了未共用電子對，也就是一共有三對：

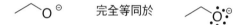

讓我們把上述方法歸納成以下三個步驟：

1. 根據週期表查出該原子應有的價電子數。

2. 把形式電荷考慮進來，一個負電荷表示多出了一個額外的電子，而一個正電荷表示少了一個應有的電子。

3. 之後你就知道該原子實際有的價電子數，然後用這個數字算出有幾對未共用電子對。

現在我們需要熟悉一些常見的例子。雖然知道如何依照上述三步驟，算出有幾對未共用電子是必備的本事，但是更重要的是要達到一眼就看出的熟練程度，不需要浪費時間去數。我們這就開始一步步來進行。

當氧沒有形式電荷時，它有兩根鍵跟兩對未共用電子對：

如果氧上有一個負的形式電荷，那麼它必然有一根鍵跟三對未共用電子對：

如果氧上有一個正的形式電荷，那麼它必然有三根鍵跟一對未共用電子：

練習 1.46 請把下面這個結構上的所有未共用電子對都畫出來：

答　案 氧原子有一個正的形式電荷及三根鍵，你應該要馬上就知道，它有一對未共用電子對：

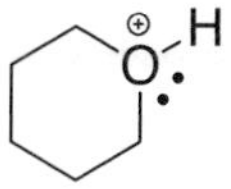

在還沒有到不加思索就知道答案的地步之前，你應該要能夠用數的方式把答案計算出來。

　　氧本來應該有六個價電子，但這個氧原子上有一個正電荷，這告訴我們它少了一個電子，只有 6 − 1 = 5 個電子，所以我們可以算出它有幾對未共用電子。

　　上圖這個氧有三根鍵，表示它用了五個價電子中的三個去形成鍵結，剩下的兩個電子必然形成一對未共用電子對，因此答案是：它有一對未共用電子對。

習　題 複習上面的常見情況，有了心得後才來做習題。請把下面各個結構上的所有未共用電子對都畫出來。先看能不能不計算，就知道有多少未共用電子對，然後再實際計算一遍，印證答案是否正確。

1.47 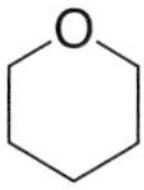　　1.48 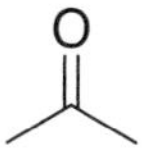　　1.49

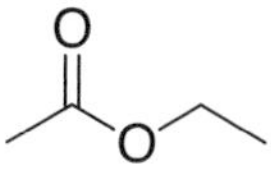

1.50 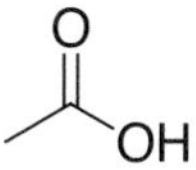　　1.51 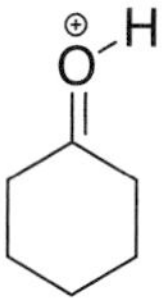　　1.52

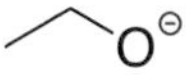

現在我們看氮原子的一些常見情況。當氮上面沒有形式電荷時，它必然會有三根鍵和一對未共用電子對：

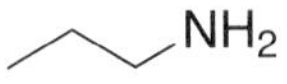

完全等同於

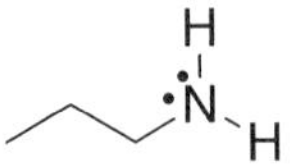

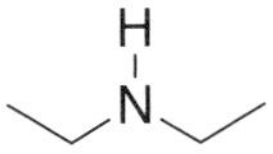

完全等同於

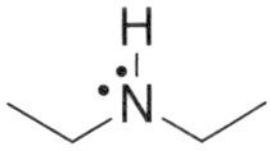

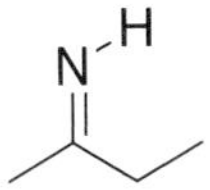

完全等同於

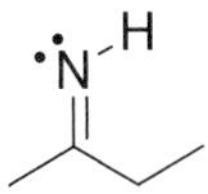

如果氮上有一個負的形式電荷，它必然會有兩根鍵和兩對未共用電子對：

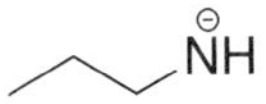

完全等同於

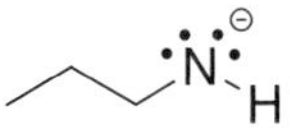

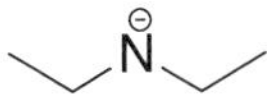

完全等同於

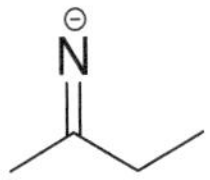

完全等同於

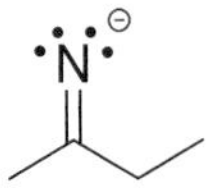

如果氮上有一個正的形式電荷，則它必然會有四根鍵而無任何未共用電子對：

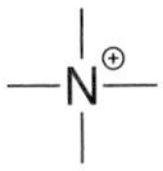

沒有未共用電子對

沒有未共用電子對

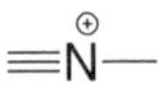

沒有未共用電子對

練習 **1.53** 請畫出下面結構中，全部的未共用電子對：

答 案 位於上方的氮原子有一個正的形式電荷跟四根鍵，你要能馬上知道它不會有未共用電子對。而下方的氮沒有形式電荷卻有三根鍵，表示它一定有一對未共用電子對：

不過在你可以一眼看出之前，你最好還是按照標準步驟把答案計算出來。氮原本應該有五個價電子，但是上方的氮上有一個正電荷，表示這個氮少了一個電子，實際上只有 5 − 1 = 4 個電子。其次因為這個氮原子上有四根鍵，每一根鍵得用掉一個價電子，四根鍵剛好把四個電子全部用罄，所以這個氮原子上沒有未共用電子對。

下方的氮原子沒有形式電荷，因此它有五個價電子。又因為它有三根鍵，表示用掉了三個電子，剩下兩個電子正好湊成一對未共用電子對。

習 題 複習上面的氮的常見情況，有了心得後才來做習題。請把次頁各個結構上的所有未共用電子對都畫出來。先看能不能不計算，就知道有多少未共用電子對，然後再實際計算一遍，印證答案是否正確。

1.54

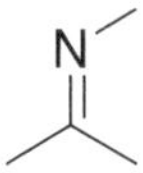

1.55

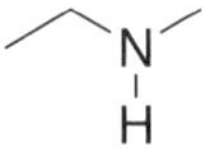

1.56

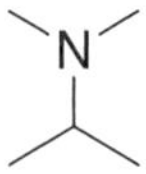

1.57

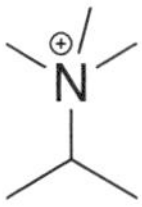

1.58

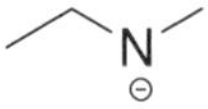

1.59

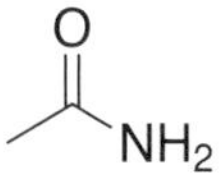

更多習題 請把下面各個結構的未共用電子對都畫出來（記住以前說過的：C^+ 沒有未共用電子對，而 C^- 有一對未共用電子對）。

1.60

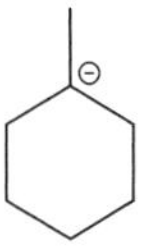

1.61

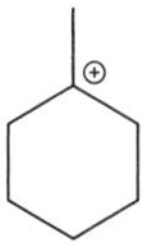

1.62

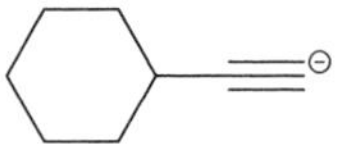

1.63

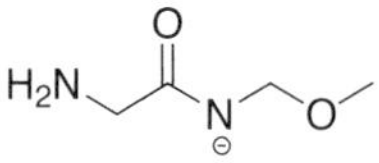

1.64

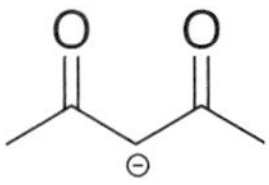

1.65

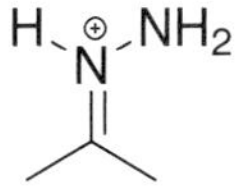

1.66　$^{\ominus}O-C\equiv N$

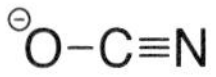

1.67　$O=C=N^{\ominus}$

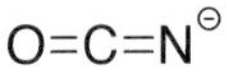

1.68

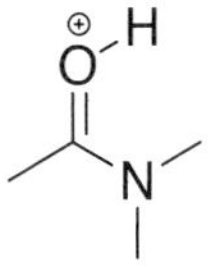

第**2**章

共振

你將從這一章學會一些工具，讓你熟練地畫出各種共振結構。畫共振結構是極重要的技能，共振可說是有機化學從頭到尾，無所不在的一個議題。在有機化學課本的每一章、每一個反應中，幾乎都可以看到它的蹤跡，如果你無法掌握共振諸法則，它就會變成你的夢魘。**搞不懂共振，你的有機化學課就甭想拿高分。**那麼共振究竟是什麼？我們幹嘛需要它？

 2.1 共振是什麼？

在第 1 章裡，我們介紹了畫分子結構的最好方法：鍵—線圖。它們畫起來快速省事，也容易讓人了解，然而卻有一個重要的缺點，那就是它對分子的描述並不完美。事實上在很多情況下，無論你用哪種繪圖方法，都無法完整描述分子的實際狀況，問題出在哪兒呢？

　　雖然我們畫的這些分子圖非常清楚、確切地說明，分子中各個原子之間的關係位置：譬如哪個原子跟哪個原子連接。但是在表達其中電子位置時就不是那麼理想了，原因是電子並非是在某個時刻有確切位置的實在粒子。所有的分子圖都只能把電子假想成可以擺在某個特別處所的粒子。然而電子應該更像是某種**電子雲密度**（clouds of electron density），這不是說電子在雲裡飛舞，而是說電子本身就像雲一樣，這些雲各自在分子內籠罩著一塊相當大的區域。

　　那麼在我們無法於圖上標示出電子確實位置的前提下，如何才能夠彌補這個缺憾，讓我們更適切地在紙上表達分子呢？答案就是**共振**（resonance）。共振的意思就是使用一幅以上的圖去描述單一個分子。我們一次畫出幾幅圖來，稱為**共振結構**（resonance structure），但是我們看它們的時候，需要把這幾幅圖在腦袋裡融合起來，成為一個單一影像。這樣說有點過於玄奧，可能難聽懂，我且舉一個類似的例子，你就會比較容易明白我的意思。

　　你有位朋友從來沒有見過油桃，他請你描述油桃的長相，你不擅長繪畫，只好說出下面這番話來：

> 先想想桃子的樣子，再想想李子，油桃跟它們各有些地方
> 滿相像的：譬如說，油桃的果肉味道跟桃子差不了多少，
> 但油桃的果皮光滑無毛，比較像李子。試著把桃子跟李子
> 的影像，在腦袋裡融合為一，油桃的樣子就出現啦！

　　這裡面有個重點：你當然了解油桃就是油桃，不會前一秒鐘長得像桃子，下一秒鐘卻變得像李子。之所以同時提到桃子跟李子，是因為它們各自都不足以讓你的朋友對油桃有正確的印象。但是如果他在心中把兩者合而為一，就會有比較切合事實的了解。

　　畫分子時遇到的問題跟描述油桃的情形很類似。前面說過，僅用一幅圖不足以描繪電子密度在分子各處的分布情形，為了解決此

問題，我們多畫了幾張圖，讓它們在我們的心思上融合為一，就像油桃的例子一樣。

　　讓我們來看一個例子：

$$\left[\bigcirc \longleftrightarrow \bigcirc \right]$$

這個化合物有兩個重要的共振結構。有兩點你得注意：第一是我們在這兩個不同結構中間，畫了一根雙箭頭。第二是用括弧把結構式框住。箭頭和括弧表示括弧中的兩個圖形，是**同一個分子**的兩個共振結構。其實這個分子並不是在兩個共振結構間變來變去，分子中的電子並沒有來回移動。

　　現在我們要知道為何需要共振。共振結構之所以非常重要，原因在有機化學裡我們將討論的化學反應中，有 95％ 的反應會發生的理由，都是由於某個分子中有一個低電子密度的區域，而另一個分子中則有一個高電子密度區域，這兩個區域隔空相互吸引，使反應產生。所以要預測兩個分子間如何、何時發生反應，我們要先能預測反應物中，何處有低電子密度，以及何處有高電子密度，而我們要對共振有確實的了解才能正確預測。在本章中，我們將看到許多範例告訴我們，如何應用畫共振結構的法則，預測低或高電子密度區域。

2.2　彎曲箭：畫共振結構的工具

　　在有機化學課程剛開始時，也許你會遇到下面這樣的測驗題：這兒是一個分子圖，請你把它的其他共振結構畫出來。但是當課程進行了一段時間之後，你會被人認定或被期望能夠，對任何一個化

合物都能畫出它所有的共振結構。如果屆時你做不到這點，那麼之後在修習有機化學時，將遭遇到極大的困難。所以你要如何才能畫出一個化合物的所有共振結構呢？要做到這點，你首先需要學會使用一樣能幫助你畫圖的工具：彎曲箭。

　　不過你要注意不要搞錯了：箭頭並不代表實際的行動（例如電子移動）。這點非常重要，因為日後在畫反應機制的時候，你還會學到用同樣的箭頭，這些箭頭看起來一個樣，但意義卻不同。在反應機制中它們的確是告訴我們，電子密度的流動方向，但在共振結構中，彎曲箭僅僅是一個工具，幫助我們畫出分子的所有共振結構。在共振結構圖中，電子並不是真的朝箭頭所指的方向移動，但我們常會唸唸有詞地說：「這箭頭表示這些電子來自這兒、去到了那兒，」這的確很容易讓人產生錯誤的印象，但我們這麼說並不是表示電子真的在動，在這裡電子是不動的。因為共振結構只能把電子限制在某個位置上，為了解釋各圖之間的關係，我們不得不權宜性地「移動」這些電子，來解釋為何有下一個共振結構。箭頭在此只是幫助我們畫出，同一個化合物的不同共振結構而已。現在讓我們仔細瞧瞧，這個重要的彎曲箭有哪些外貌特徵。

　　每根彎曲箭都**有頭有尾**，最重要的是它的箭頭必須準確地擺在適當的位置。**箭尾告訴我們電子來自何處，箭頭則告訴我們電子往哪兒去**（再重複一遍：電子沒有移動，我們之所以把它們畫成移動的模樣，是為了畫出所有的共振結構圖）：

箭尾　　　　　　　　箭頭

所以在你畫這種彎曲箭的時候，有兩件事情你不能打馬虎眼，一是箭尾要擺在正確的地方，二是箭頭得放在正確的位置。看來我們需要訂些規矩，告訴大家什麼地方可以、什麼地方不可以畫這種箭。但是由於這種箭的作用是在描述電子的動態，我們最好從討論電子

開始。

電子存在於軌域上，而每一個軌域最多只能容納兩個電子，因此每個軌域中的電子數目只能有三個選擇：

- 0 個電子
- 1 個電子
- 2 個電子

如果軌域中沒有電子，則根本沒得好談──缺少演員的舞台，哪有什麼戲可以唱呢？如果軌域中有一個電子，它就可以去跟鄰近另一個軌域中的單獨電子重疊（形成**鍵結**）。如果有兩個電子占據了該軌域，該軌域就填滿了〔稱為**未共用電子對**（lone pair）〕。所以在上述三個不同情況之下，只能在鍵結上或未共用電子對上，找到電子。同樣的道理，電子也只能往會形成鍵、或形成未共用電子對的地方前去。

讓我們先注意箭尾。記住箭尾的作用是要指出，電子是打從哪兒來的，因此箭尾的位置必須有電子才行：鍵結或未共用電子對。以下面這對共振結構為例：

我們如何從左邊的結構得到右邊的結構呢？注意分子中雙鍵的電子給「挪」了位。所以這是電子從鍵結處而來的範例，你看電子從雙鍵出發，跑到隔壁去形成另一根鍵：

現在讓我們看看，當電子來自未共用電子對時的情況是如何：

$$\left[\quad H \underset{H}{\overset{H}{\underset{\displaystyle C}{}}} \!\ddot{O}\! \underset{\displaystyle H}{\overset{H}{\underset{\displaystyle C}{}}}\!\!\!\overset{\oplus}{} \quad \longleftrightarrow \quad H \underset{H}{\overset{H}{\underset{\displaystyle C}{}}} \overset{\oplus}{\ddot{O}} \underset{\displaystyle H}{\overset{H}{\underset{\displaystyle C}{}}} \quad \right]$$

彎曲箭絕對不能從正電荷出發，它的尾巴必須在有電子的地方。

彎曲箭的箭頭也很簡單，它指出電子的去向，所以它會指向即將鍵結的兩個原子：

$$\left[\quad \text{丙烯結構式} \quad \longleftrightarrow \quad \text{丙烯結構式} \quad \right]$$

或指向即將擁有一對未共用電子對的原子：

$$\left[\quad \text{結構式} \quad \longleftrightarrow \quad \text{結構式} \quad \right]$$

千萬不要把箭頭指向啥都沒有的空間，例如：

不正確的畫箭法

再重複一遍，記住箭頭是用來指出電子的去向，所以必須指向電子可去的地方：形成鍵結或未共用電子對。

 2.3 兩大戒律

現在我們知道了彎曲箭是什麼，但還不太清楚它該用在什麼時

機跟什麼場合。首先我們要學的是何處**不能**用它。這方面有兩條**絕對不能**違背的規則，是畫共振結構的「兩大戒律」：

1. 絕對不可以打斷任何單鍵。
2. 絕對不可以違背八隅體法則（octet rule）。

分別解釋如下：

1. **絕對不能打斷單鍵**。依照定義，同一化合物分子的不同共振結構，必須擁有相同的原子，而這些原子還必須以相同的順序連接。否則就會成為不同的化合物了。

絕對不可以打斷任何單鍵

如果你把箭尾擱在單鍵上，將會把單鍵打斷而違反了第一條戒律。所以當箭尾擱在不正確的位置時，就觸犯了第一條戒律。

2. **絕對不違反八隅體法則**。讓我們先溫習一下，什麼是八隅體法則。週期表第二列的原子（C、N、O、F 等），在價電子層內只有四個電子軌域（每個軌域最多能容納兩個電子，因此總共不會超過八個，即所謂八隅體法則）。電子軌域可以形成鍵結或容納未共用電子對。一個鍵結占用一個電子軌域，一對未共用電子對也占用一個電子軌域。所以第二列元素**絕不可能**擁有五根或六根鍵結，了不起最多只有四根。同樣地，它們的原子也不可能在有四根鍵結後，再擁有一對未共用電子對，這需要五個電子軌域才辦得到。基於同樣的理由，它們也不可能同時具備三根鍵結和兩對未共用電子對。讓我們舉幾個違背八隅體法則的例子：

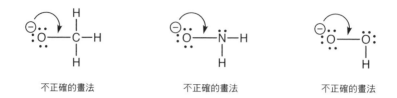

不正確的畫法　　　　　　　不正確的畫法　　　　　　　不正確的畫法

上面各圖中，中央的原子**不可能**形成另一根化合鍵，因為它沒有第五個軌域可用。所以這三根箭都畫得不對，切記、切記。

　　上面所舉的例子中解釋得很清楚，但是如果所用的是鍵一線圖，因為看不見其中的氫原子（而且鍵一線圖通常也不會把未共用電子對點出來，目前是為了方便讀者，我們不嫌麻煩暫且把它們畫了出來），就比較難以了解是怎麼回事。你得訓練自己認出隱藏的氫原子，並快速地檢視是否違背八隅體法則：

很難一眼就看出上面左邊的鍵一線圖違背了八隅體法則。但是在把氫原子都畫上去之後（上圖右）就可以發現，那根箭給了中央那個碳原子第五根鍵。

　　如果我們畫了一根彎曲箭，箭頭指向的位置使分子中任何一個已經用完了四個軌域的原子，形成一根新鍵，那麼我們就違反了前述的第二戒律。所以，當把箭頭畫在不該畫的位置時，就違反了第二戒律。

　　因此這兩條戒律分別規範了彎曲箭的兩部分：不正確的箭尾觸犯了第一戒律，而不正確的箭頭觸犯了第二戒律。

練習 2.1 請檢視次頁分子上的彎曲箭，判斷它是否牴觸了共振結構的兩條戒律：

答　案 首先我們需要問有無違反第一戒律：有沒有打斷單鍵？要確定此點得注意看**箭尾**。如果箭尾顯示電子來自單鍵，就是要打斷這根單鍵。但是箭尾可以來自雙鍵，而這正是上面例子中的情形。所以結論是我們沒有違反第一戒律。

　　接下來我們要問有無違反第二戒律：是否違反了八隅體法則？要確定此點得注意看**箭頭**是否將形成第五根鍵結？你該記得，C^+ 只有三根鍵而不是四根。當我們數這個碳原子上連接的氫原子數目，只發現一個氫原子而非兩個，於是加上兩根碳鍵，總共是三根鍵。箭頭指過來所形成的鍵結是第四根，所以我們也沒有違反第二戒律。

　　上面這根彎曲箭是正確的，兩個戒律都沒有違反。

習　題 請檢視下面各題中的彎曲箭，看哪一根箭有觸犯了上述兩個戒律的地方，並說明原委。（別忘了要數一數所有的氫原子、未共用電子對，那是解題之鑰。）

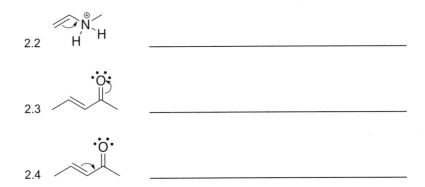

2.5　　
（此處為結構式與彎曲箭示意圖）

2.6　　

2.7　　

2.8　　

2.9　　

2.10　　

2.11　　H₃C—N≡N:

2.12　　

2.4 畫好的箭

現在我們知道了如何鑑別好的跟不好的彎曲箭，接下來我們要做一

些畫彎曲箭的練習。我們知道箭尾必須來自雙鍵或未共用電子對，箭頭必須指向可以形成鍵結或未共用電子對之處。如果有人給了我們兩個共振結構，要求我們畫出可以說明兩個結構轉變的彎曲箭的話，合理的解題法是比較兩個結構，找出鍵結或未共用電子對出現或消失的地方。讓我們用個範例來說明。

假設我們面對這樣一組共振結構：

我們該如何在左邊的結構上畫彎曲箭，使它能「轉變」成右邊的結構？我們必須注意兩者的差異，並問：「我們應該如何推動這些電子，使第一個結構變成第二個結構？」首先找出即將消失的雙鍵或未共用電子對，把箭尾擱於其上。在上面的例子裡，並沒有未共用電子對消失，卻有一個雙鍵要變成單鍵，所以我們知道箭尾必然是從這個雙鍵出發。

其次我們需要知道箭頭該指向哪兒，這個必然是即將出現雙鍵或未共用電子對的地方，我們發現在下一個結構的氧原子上，增加了一對未共用電子對，因此它就是箭頭該指向的位置：

注意！當我們把雙鍵挪移到另一個原子上，形成一對未共用電子對時，會造成兩個形式電荷：失掉鍵結的原子上會有一個正電荷，獲得一對未共用電子對的原子會有一個負電荷，這是非常重要的事項。在第 1 章介紹了形式電荷，如今它變成了畫共振結構的輔助工具。不過現在讓我們把注意力集中在畫彎曲箭上，下一節我們將回頭來討論形式電荷。

以上都是直接以一根彎曲箭把一個共振結構變成另一個，在有需要借助於一根以上的彎曲箭去轉變共振結構時，又該怎麼做？讓我們舉一個這樣的例子。

練習 2.13 檢視下面這組結構，請在所有正確位置上畫出必要的彎曲箭，使左邊的結構變成右邊那個：

答 案 讓我們分析這兩個結構圖究竟有些什麼差異？首先我們要尋找的是，轉變時會消失的雙鍵或未共用電子對。我們發現圖中的氧原子損失了一對未共用電子對，以及左圖下方的 C ＝ C 也消失了，此項發現自動地告訴了我們，這回可是需要兩根彎曲箭，如此才能在不同的位置，分別完成這兩個變化。

接下來我們需要尋找右邊結構中新出現的雙鍵或未共用電子對。結果我們發現了一個 C ＝ O，以及結構最下方碳原子上的一個負電荷（還記得吧！ C －表示該碳原子上有一對未共用電子對）。這項結果告訴我們，這也需要兩個箭頭，再度證實要有兩根彎曲箭才行。

總之，我們需要兩根彎曲箭。讓我們先處理上方的結構，在那兒我們需要丟掉氧原子上的一對未共用電子對，並形成 C ＝ O。讓我們把那根箭畫出來：

注意！即使我們想就此停下來，將會違反第二戒律，使中央的碳原子有五根鍵結。為避免此事，當然要立即畫出第二根彎曲箭。第二根鍵牽涉到 C ＝ C 的消失（解決了違反八隅體法則的困境），且添加一對未共用電子對到結構最下方的碳原子上。現在畫出合乎此要求的二根彎曲箭：

畫彎曲箭猶如騎腳踏車，如果你從未騎過，光靠看別人騎車永遠沒法學會，你得實地練習才能學會如何平衡。觀察別人騎車是個好的開始，但是如果真要學，必須跨上腳踏車實地練習。也許你會因而摔個幾跤，但那是學習的代價。畫彎曲箭的道理也相同，唯一可靠的學習方法就是多練習。

現在就是你騎上「畫彎曲箭」腳踏車的好時機。你當然不會笨到選擇陡峭的斜坡開始學騎車，你也不會要拖延到進了考場，才開始嘗試畫彎曲箭的樂趣，是吧？所以最好的練習時機就是現在！

習 題 檢視以下各圖，試著畫出結構轉變所需要的彎曲箭。在許多情況下，你將需要不只一根箭。

2.14

2.15

2.16

2.17

2.18   2.19

2.5 共振結構中的形式電荷

現在我們知道了如何畫正確的箭（也知道了如何避免畫不正確的箭）。上一節的習題都是先把共振結構畫妥，只要求畫上合適的彎曲箭。接下來我們要進入下一個階段，練習畫出共振結構。為了輕鬆進入這個主題，我先把該有的彎曲箭已經畫好，把重點放在畫出共振結構跟適當的形式電荷。請考慮下面這個範例：

在這個範例中，我們看到氧原子上的未共用電子對往下挪移，形成鍵結，而原來 C＝C 雙鍵上的電子，被推擠到單獨的碳原子上，形成了一對未共用電子對。當這兩根箭同時畫出時，就不會違反兩個戒律。所以讓我們專心把這個共振結構畫出來。我們知道彎曲箭的意義，因此知道它的指示為何。圖上方的彎曲箭告訴我們去掉氧原子上的一對未共用電子對，並且把氧原子和碳原子之間的單鍵變成雙鍵。圖下方的彎曲箭告訴我們以單鍵取代碳碳之間的雙鍵，並把一對未共用電子對安置在碳原子上：

　　彎曲箭就像一種語言，告訴我們該做什麼。不過有件事得特別
留意，那就是新結構畫好之前，千萬別忘了把該有的形式電荷標示
出來。按照我們討論過的形式電荷認定法則，我們了解到，新共振
結構中的氧原子應該得到一個正電荷，而有未共用電子對的碳原子
得到一個負電荷。標出形式電荷後，就無須畫出未共用電子對了：

　　這些形式電荷絕對要畫出來，如果畫結構時沒畫出形式電荷，就算
畫錯了。事實上，如果你忘了把形式電荷標上，那麼你就會把共振
的意義給扭曲了。你仔細觀看我們剛畫好的新共振結構，碳原子上
有一個負電荷，這點無疑告訴了我們，這個碳原子是高電子密度的
部位，如果光看原來的結構（下圖），並無法知道這個訊息：

　　這是我們需要共振的原因——它告訴我們，分子的哪些區域有很高
或很低的電子密度。如果我們畫出的共振結構沒有標出該有的形式
電荷，那麼就失去了畫共振結構的意義了。

　　現在我們知道標出正確的形式電荷是極重要的，在畫共振結構
時，我們應該確切地知道什麼地方該畫上形式電荷，又該怎麼畫。
如果你還不是非常清楚怎麼算出形式電荷，現在趕緊回頭去溫習第
1 章中有關形式電荷的部分。不過決定形式電荷另有一些撇步，例
如我們列舉過氧、氮、及碳的一般情況，你最好把它們背下來（若
有需要不妨再去複習一番）。

還有一個決定形式電荷的方法是正確地讀取彎曲箭所給的訊息。讓我們回頭再看一次我們的範例：

注意那兩根箭告訴了我們什麼：上方那根彎曲箭說：氧原子放棄了一對未共用電子對（兩個完全屬於氧的電子）去形成了一根鍵結（即兩個電子一個仍屬於氧原子、一個改屬於隔壁的碳），所以氧原子在此轉變中，失掉一個電子，也就是氧原子應該有一個正電荷。同樣分析下方那根彎曲箭，它讓右下方那個碳原子得到一個電子，於是那個碳應該有一個負電荷。但要再次記住，分子中的電子並未真地移動，彎曲箭只是幫助我們畫共振結構的工具，讓我們想像電子在移動，但事實上電子並不會動。

現在讓我們繼續練習。

練習 2.20 請畫出依照彎曲箭「移動」電子後所呈現的共振結構。別忘了標出應有的形式電荷。

答 案 上圖中的彎曲箭告訴我們：氧原子上的三對未共用電子對，會有一對下移形成鍵結，下方的 C＝C 雙鍵會被往下推擠，在碳原子上形成一對未共用電子對。這跟剛才我們見過的範例非常相似，同樣是氧原子上去掉一對未共用電子對，而在氧原子跟隔壁碳原子間形成雙鍵，同時把碳 - 碳雙鍵改成單鍵，而在碳原子上形成了一對未共用電子對，最後我們把形式電荷標上：

這兒有個小地方要注意，我們說過，**未共用電子對可以不用畫**，但如果有形式電荷一定要標示出來。所以你會看到彎曲箭加在沒有畫出未共用電子對的共振結構上，在這個情況下，你會看到箭號從負電荷出發：

上面左圖是常見的畫法，只是看到它時別忘記，電子其實是來自未共用電子對（正如右圖所顯示的那樣）。

　　畫完共振結構後，有個檢驗畫得對不對的方法，是數一數新結構上所有形式電荷的總值，應該跟前一個結構的總電荷一致。所以如果前一個結構有一個負電荷，那麼新結構也應該有一個負電荷。如果它不見了，那就表示其中出了差錯（這就是所謂的**電荷守恆**）。換句話說，在畫共振結構時，不可以改變化合物上的總電荷。

習　題　檢視以下各結構，畫出經彎曲箭推動電子後的共振結構，記得標出形式電荷。（注意：有些情形下有畫出未共用電子對，其他則否，你得訓練自己看出未畫出的未共用電子對。）

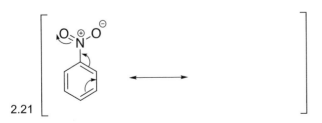

2.21

2.22 $\left[\begin{array}{cc} & \longleftrightarrow \end{array}\right]$

2.23 $\left[\begin{array}{cc} & \longleftrightarrow \end{array}\right]$

2.24 $\left[\begin{array}{cc} & \longleftrightarrow \end{array}\right]$

2.25 $\left[\begin{array}{cc} & \longleftrightarrow \end{array}\right]$

2.26 $\left[\begin{array}{cc} & \longleftrightarrow \end{array}\right]$

2.27 $\left[\begin{array}{cc} & \longleftrightarrow \end{array}\right]$

2.28 $\left[\begin{array}{cc} & \longleftrightarrow \end{array}\right]$

2.6 畫共振結構—— 一步一步來

現在所有工具都齊備了。我們知道要有不同共振結構的原因，以及它們代表的意義。我們知道彎曲箭是幹嘛用的，以及在什麼地方不可以畫它。我們知道如何認出違反兩個戒律的不正確彎曲箭，也知道如何畫出把一個共振結構轉變成另一個共振結構所需要的彎曲箭，而且知道如何在新結構上標示出應有的形式電荷。現在我們面對的是最後的挑戰：在不知道下一個共振結構長得怎樣之前，就畫出彎曲箭。現在你知道什麼時候能推動彎曲箭，什麼時候不能，你要練習推動彎曲箭去決定如何畫出另一個共振結構。

首先我們需要找出分子中可能共振的部分。記得我們談過，只有來自未共用電子對或鍵結的電子，才可以移動，而且不是所有的鍵結都要考慮，因為單鍵上的電子就不可以移動（因為那會違反第一戒律），只有雙鍵或參鍵上的電子才能動，雙鍵跟參鍵稱為 π **鍵**，所以我們只要注意有未共用電子對或 π 鍵的部分。一般說來，分子中有這樣條件的區域還並不多。

一旦找到了分子中有可能出現共振的部分後，接下來得問，在不違背前述兩個戒律的條件下，這些電子有沒有地方可以去。讓我們說得更清楚具體些，並分成三個問題詳述：

1. 我們能否把任何**未共用電子對轉變成 π 鍵**，而不違反兩個戒律？

2. 我們能否把任何 π **鍵轉變成未共用電子對**，而不違反兩個戒律？

3. 我們能否把任何 π **鍵轉變成另一根 π 鍵**，而不違反兩個戒律？

我們用不著考慮第四種可能（亦即把一對未共用電子對轉變成另外一對未共用電子對），因為那些電子不會從一個原子跳到另一個原子上，所以只有上面的三種可能有機會成立。

　　讓我們把上列三個問題當作三個步驟，依次考慮。第一個步驟是考慮從未共用電子對轉換為鍵，以下面這個結構為例：

我們看它是否有未共用電子對可以移動以形成 π 鍵。結果我們看到在氮原子上有一對未共用電子對，而它下方的碳原子上，有一個正的形式電荷，因此剛好可以把氮原子上的未共用電子對，挪移下來形成 π 鍵：

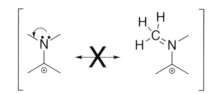

這沒有牴觸兩個戒律：既沒有破壞單鍵，也沒有違反八隅體法則，所以上圖右邊的結構可以存在。注意，我們不可以把氮原子上那對未共用電子對推向其他兩個方向，因為那樣會違反八隅體法則：

　　讓我們再試試下面這個例子：

我們知道氧原子上還有兩對未共用電子對，想看能不能把其中一對
未共用電子對下移，形成一根 π 鍵？所以試著畫畫看：

結果這違反了八隅體法則——氧下方的碳原子會出現五個鍵結。在
這個例子裡，未共用電子對無法變成 π 鍵。

　　現在讓我們前進到第二步：把 π 鍵變成未共用電子對。我們可
以試著把雙鍵向它的上下任何一端挪移：

或

畫出來的這兩個共振結構全都沒有違背兩個戒律，所以都是正確
的。（不過第二個結構雖然正確，卻不是「重要」的共振結構。在下
一節中，我們將會討論如何決定一個共振結構是否重要）。

　　第三步是把 π 鍵推到一旁，形成另一根 π 鍵，讓我們考慮以
下兩個例子：

如果我們試圖把這兩個例子中的 π 鍵推移，形成另一根 π 鍵，會發現

不可以：違反了八隅體法則

可以：不違反八隅體法則

第一個例子違反了八隅體法則（讓左下方的碳有五個鍵），第二個例子沒有違反八隅體法則，所以第二個例子經由此步提供，會有一個合法的共振結構：

現在我們已經分別學會了這三個步驟。接下來需要考量的是，如何把這些步驟合起來。在一些情況下，你發現只走一步會走不通，原因是它會違反八隅體法則。然而若是同時走兩步，就可能可以避免違反八隅體法則。以下面的結構為例，我們若是只做了第一步，把一對未共用電子對移去形成雙鍵，會發現它違反了八隅體法則：

但是如果不只進行這一步，也做了第二步（把 π 鍵移位形成未共用電子對），就沒有違反八隅體法則了：

換句話說，在你看到一根彎曲箭的結果會違反了八隅體法則時，不要馬上斷言這根彎曲箭不能用。應該先試畫另一根彎曲箭，也許問題就解決了。

來看另一個例子，讓我們考慮下面這個結構，很顯然地，我們不可以只把 C＝C 鍵向左移位，一定要同時把 C＝O 鍵向上推，形成氧上的一對未共用電子對才行：

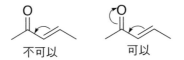

不可以　　　　　可以

這樣看起來我們的確是在「推移」電子。

現在我們就可以再畫一些共振結構來練習。

練習 2.29 請把下面這個化合物的所有共振結構都畫出來：

答　案 首先讓我們把化合物上的所有未共用電子對全找出來，並重畫這個分子。我們看到氧原子有兩個鍵結，所以它必然還有兩對未共用電子對（這樣它的四個軌域就都使用了）：

現在我們先做第一步：能不能把一對未共用電子對變成 π 鍵？如果我們試圖把氧原子上的一對未共用電子對往下移，會發現這樣一來下方的碳原子會有五個鍵結，而這顯然違背了八隅體法則：

違反了第二戒律

避免該碳原子上產生第五根鍵的唯一法門,是另外用一根彎曲箭把多餘的電子推離碳原子。但是如果這麼做,就必然會打斷一根單鍵,違反了第一戒律:

違反了第一戒律

我們不可能把氧原子上的一對未共用電子對變成 π 鍵。所以我們來考慮第二步:能不能反過來把 π 鍵變為未共用電子對?結果是「可以」:

接下來我們進入第三步:能否把 π 鍵移位,變成另一個 π 鍵?顯然只有一種挪移方式是不違反第二戒律的:

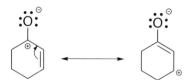

所以全部的共振結構為

練習 **2.30** 請以同樣的三個步驟，逐步檢驗下面這個化合物（要確保不違反兩個戒律），畫出它全部的共振結構。

在解答這個問題時，你可能會發覺依照程序，按部就班思考每一種可能，要花很多時間：從計算出未共用電子對的所在地，到考慮每一個原子是否違背八隅體法則，到指定該有的形式電荷等等。不過幸而這並不是唯一的方法，事實上你可以學會既快速且高效率地畫共振結構！只要你熟識某些模式，然後訓練自己認出這些模式。多說無益，我們趕快來培養這項技能。

2.7 畫共振結構──經由認識模式

有五種模式你應該認識，才能增進畫共振結構的功力。我們先把它們表列出來，然後逐條詳細解釋，並包含一些範例及練習。這

些模式是:

> **1.** 緊鄰 π 鍵的未共用電子對。
>
> **2.** 緊鄰正電荷的未共用電子對。
>
> **3.** 緊鄰正電荷的 π 鍵。
>
> **4.** 兩個原子間的 π 鍵,其中一個原子為陰電性(electro-negativity)。
>
> **5.** 繞著整個環的 π 鍵。

1. 緊鄰 π 鍵的未共用電子對

在進入討論細節之前,讓我們先看一個範例:

這個具有未共用電子對的氧原子,可以沒有形式電荷(如上圖),也可以有一個負的形式電荷:

最重要的是,有一對未共用電子對「緊鄰」π 鍵。「緊鄰」在這兒的意思是指:該對未共用電子對跟 π 鍵之間,僅隔一根單鍵(不能多也不能少)。你在下面列出的五個範例中,都可以看到這個特點:

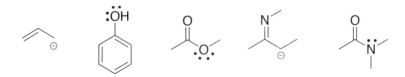

在每一個例子裡，你都可以把未共用電子對推去形成 π 鍵，同時把
原來的 π 鍵打斷，變為一對未共用電子對：

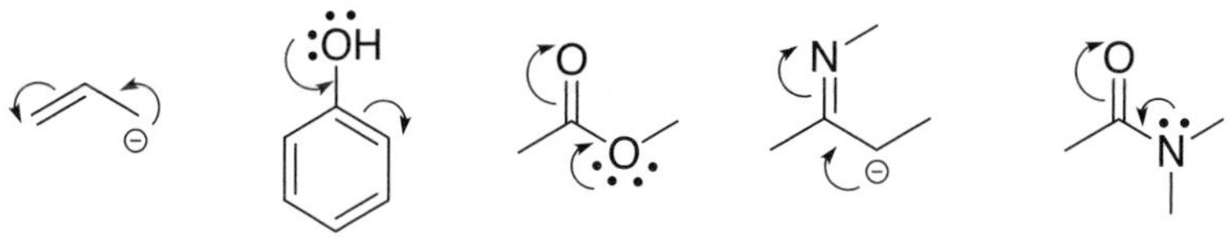

要注意形式電荷發生的變化。如果未共用電子對所在的原子帶有一
個負電荷，當未共用電子對轉移時，最後得到未共用電子對的原子，
也同樣會得到這個負電荷：

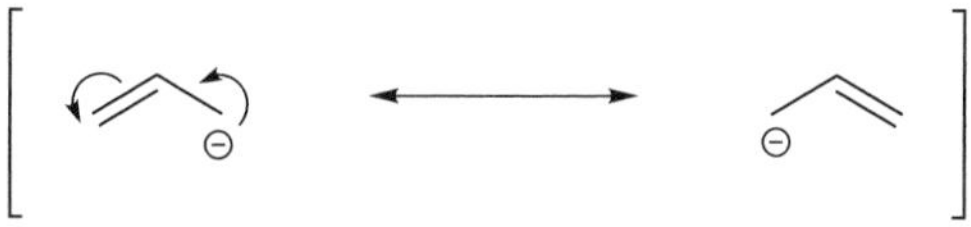

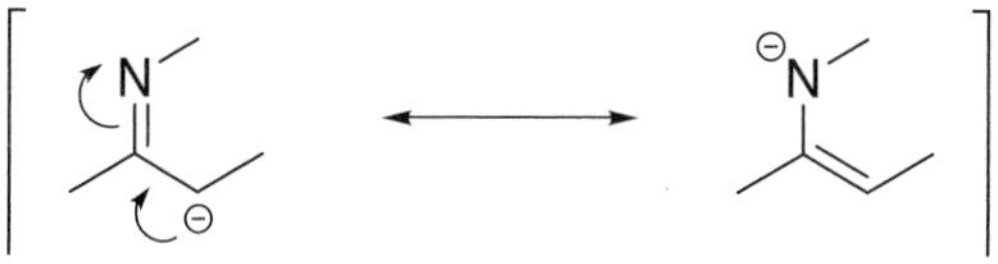

但是如果帶有未共用電子對所在的原子不帶負電荷，那麼這個原子
最後會帶一個正電荷，而得到那對未共用電子對的原子會帶有一個
負電荷（總電荷必須守恆）：

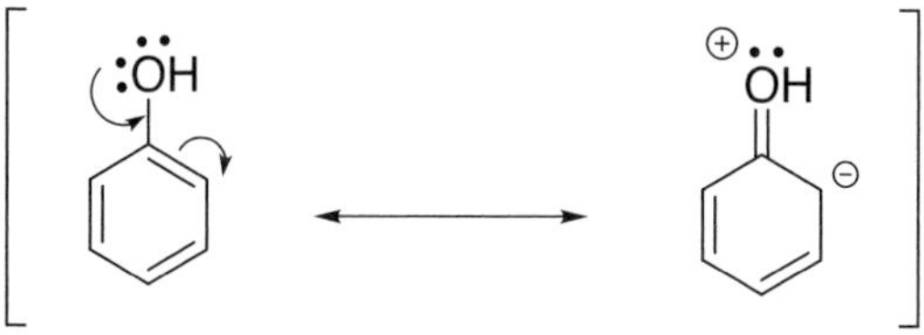

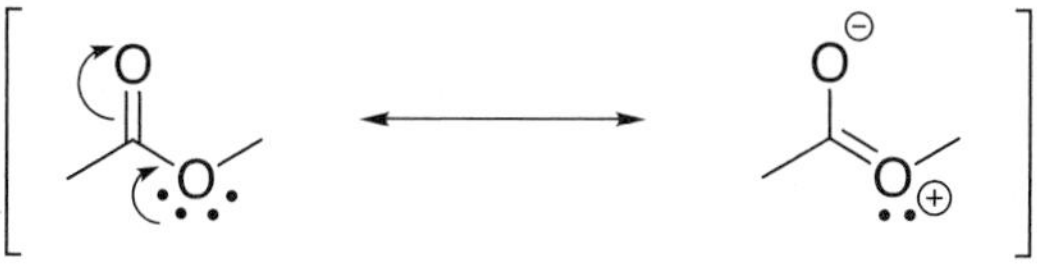

一旦你學會並熟識了這個模式（緊鄰 π 鍵的未共用電子對），你就能省下計算形式電荷，以及檢驗有無違背八隅體法則的時間，可以毫不費神地畫下彎曲箭和新的共振結構。

練習 2.31 請畫出下面這個化合物的共振結構：

答　案 我們注意到，這是屬於 π 鍵緊鄰有一對未共用電子對的模式，所以我們不假思索地畫下兩根彎曲箭：一根從該未共用電子對到形成 π 鍵，一根從原有的 π 鍵到形成另一對未共用電子對：

仔細看形式電荷，原先結構的氧原子上帶有一個負電荷，之後該電荷移到了獲得未共用電子對的碳原子上。

習　題 請檢視次頁各化合物，找出我們剛學過的模式位置，然後據以畫出共振結構。

2.32 $\left[\begin{array}{c} \end{array} \longleftrightarrow \right]$

2.33 $\left[\begin{array}{c} \end{array} \longleftrightarrow \right]$

2.34 $\left[\begin{array}{c} \end{array} \longleftrightarrow \right]$

2.35 $\left[\begin{array}{c} \end{array} \longleftrightarrow \right]$

2.36 $\left[\begin{array}{c} \end{array} \longleftrightarrow \right]$

2.37 $\left[\begin{array}{c} \end{array} \longleftrightarrow \right]$

2.38

2.39

讓我再次強調，那對未共用電子對必須緊鄰 π 鍵，如果我們把未共用電子對挪遠一個原子，這個模式即不成立：

可行　　　　　　　　不可行

2. 緊鄰正電荷的未共用電子對

讓我們看一看範例：

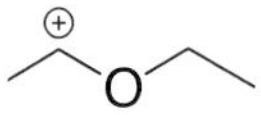

這對未共用電子對所在的原子，可以沒有形式電荷（如上圖），也可以有一個負的形式電荷：

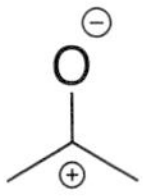

重要的是，這對未共用電子對緊鄰一個正電荷。上面所舉的兩個例子，都可以把未共用電子對推向正電荷，形成 π 鍵：

注意形式電荷的變化。如果攜帶這對未共用電子對的原子本來就有
一個負電荷，那麼在 π 鍵形成後，這個負電荷會跟隔壁的正電荷相
互抵消：

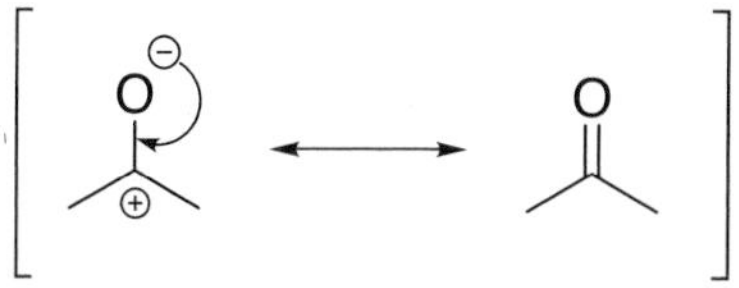

如果當初具有未共用電子對的原子不帶負電荷，那麼在 π 鍵形成
後，本來在隔壁的正電荷會遷移到此原子上（記住總電荷必須守恆）：

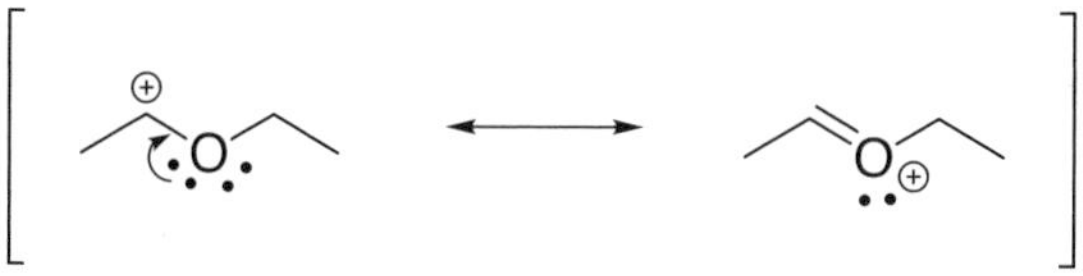

習　　題 檢視以下各化合物，找出我們剛學過的模式位置，然後
據以畫出共振結構。

2.40

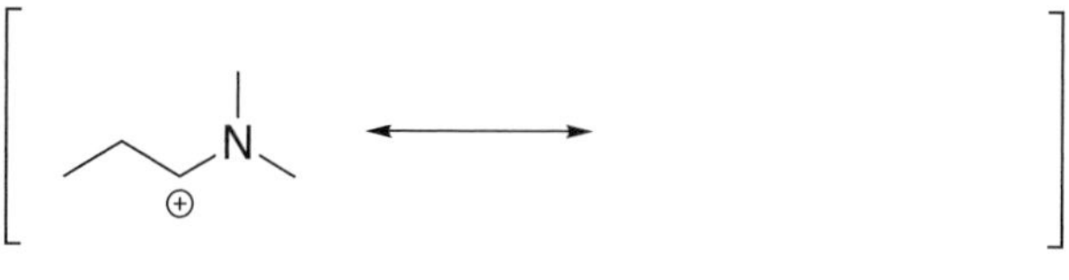

2.41

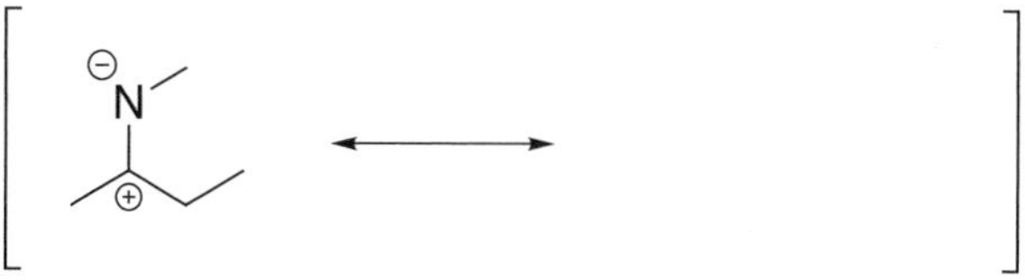

2.42

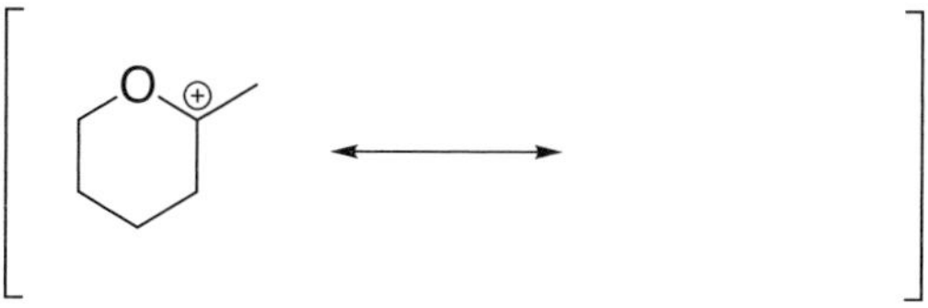

2.43

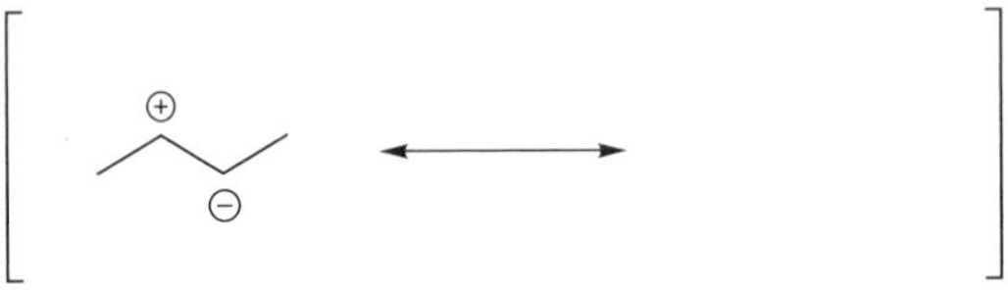

請注意在習題中，負電荷跟緊鄰的正電荷相互抵消，變成雙鍵。但是在一個特殊情況下，不能結合正、負電荷產生雙鍵：這個例外情況就是硝基團。硝基團的結構如下圖所示：

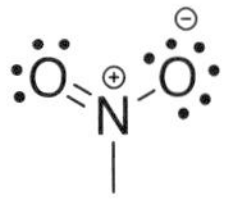

我們不能畫出不帶電荷的共振結構：

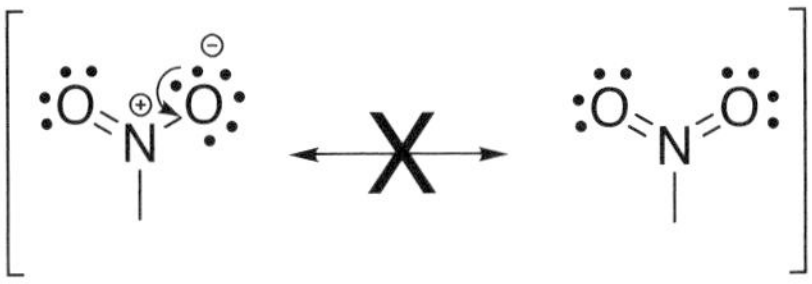

剛畫出來時看似不錯，因為它上面的電荷都給中和掉了。但是仔細一看，氮原子居然有了五個鍵結，顯然違背了八隅體法，所以不可能存在。

3. 緊鄰正電荷的 π 鍵

這類的例子非常容易看懂：

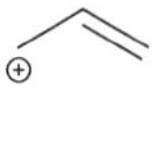

我們只需要從 π 鍵畫出一根彎曲箭，去形成一根新的 π 鍵：

注意過程中形式電荷的動向，它移到了另一頭：

有種可能是許多共軛（意思是指每兩個雙鍵之間，都只隔一根單鍵）
雙鍵，而且共軛雙鍵緊鄰一個正電荷：

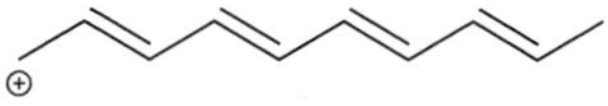

如果有這樣情形發生，我們可以把所有的雙鍵都向正電荷方向順移，
我們無須費工夫計算形式電荷，只需把正電荷移到分子的另一端就
大功告成啦：

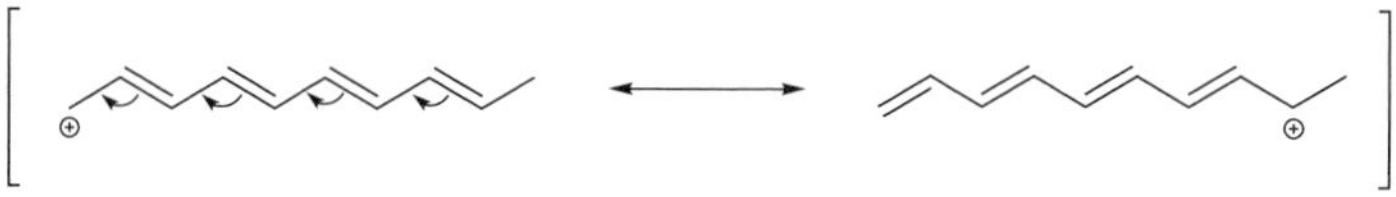

當然啦！我們應該每一次只畫一根彎曲箭，讓正電荷逐步沿著碳鏈
跳移，同時畫出**所有的**共振結構。但是知道了形式電荷最後會在哪
裡出現也很不錯，這樣就不用一步一步的來算形式電荷的位置。

習 題 檢視以下各化合物，找出我們剛學過的模式位置，然後
據以畫出其共振結構。

2.44

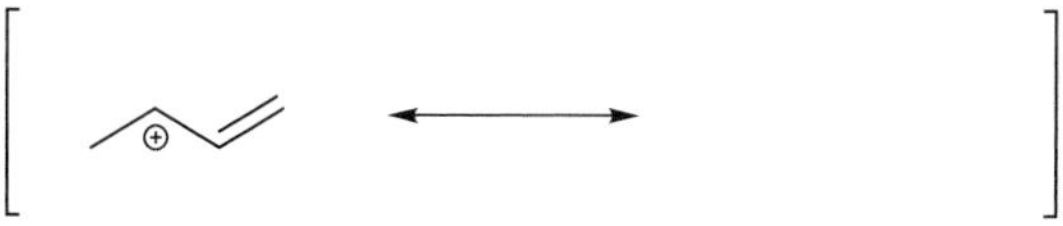

2.45

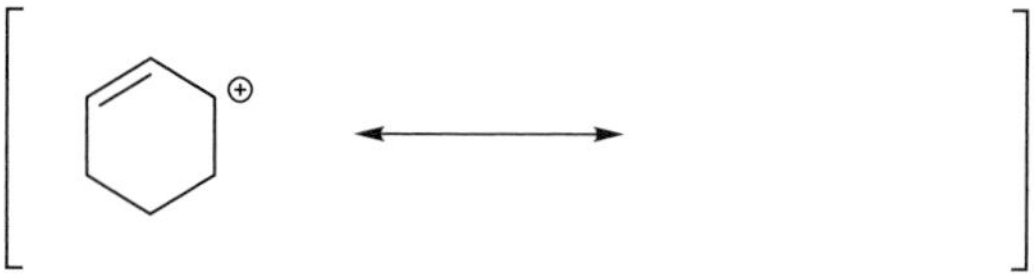

2.46

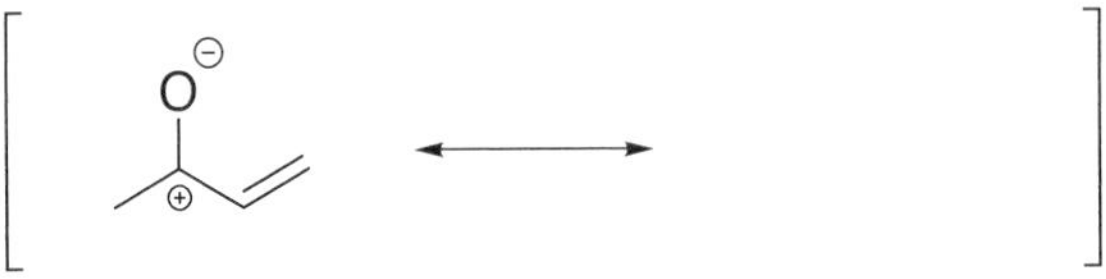

4. 兩個原子間的 π 鍵，其中一個原子為陰電性（N, O 之類）

讓我們看一個範例：

在這類例子裡，我們把 π 鍵移到具陰電性的原子上，變成未共用電子對：

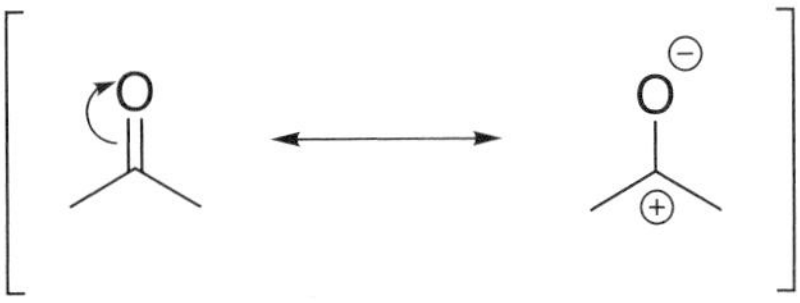

注意過程中形式電荷的動向。上圖告訴我們，一根雙鍵分開成一個正電荷和一個負電荷（這情形正好跟我們前此看到過的第二個模式相反，那個模式是正、負電荷結合成雙鍵）。

習 題 檢視以下各化合物，找出其中我們剛學過的模式位置，然後據以畫出其共振結構。

2.47

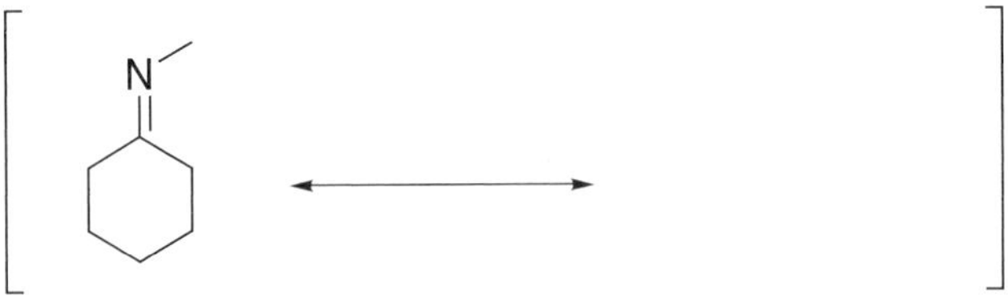

2.48 $\left[\begin{array}{cc} \end{array}\right]$

2.49 $\left[\begin{array}{cc} \end{array}\right]$

5. 繞著整個環的 π 鍵

當單鍵和雙鍵交叉出現時,我們稱為**共軛**(conjugated):

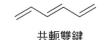

共軛雙鍵

當共軛系統首尾相連成環,我們可以隨時沿著圓環移動電子:

畫彎曲箭的方向可以是順時鐘、也可以是逆時鐘(反正結果都沒差。
並且你要記住:彎曲箭只是幫助我們畫共振結構的工具,電子事實
上並不隨著你的彎曲箭移動)。

　　至此五種常見模式都一一講解過了,現在我們再來做些習題練
習畫共振結構,這次題目中五種模式都有,練習的重點是要你辨識
問題中例子是屬於哪個模式:

1. 緊鄰 π 鍵的未共用電子對。

2. 緊鄰正電荷的未共用電子對。

3. 緊鄰正電荷的 π 鍵。

4. 兩個原子間的 π 鍵，其中一個原子為陰電性。

5. 繞著整個環的 π 鍵。

習 題 請畫出各化合物的共振結構。

2.50

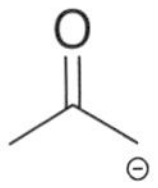

2.51

2.52

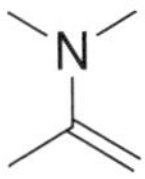

2.53

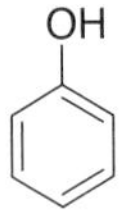

2.54

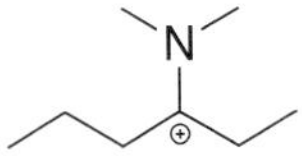

2.55

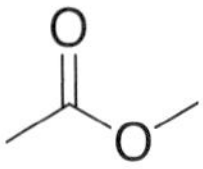

2.56

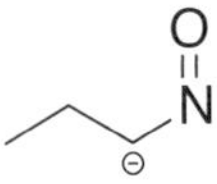

2.57 _____

2.58 _____

2.59 _____

2.60 _____

2.8 估計共振結構的相對重要性

　　並非所有的共振結構都很重要。雖然對化合物來說，它可以有許多合法的共振結構（意思是這些結構不違背前述的兩大戒律），然而這些結構多數都不重要。比方說，下面兩個例子中畫出的共振結構雖然合法，但不重要：

　　有三個簡單的法則可以決定共振結構重不重要。你聽我這麼說很可能心裡在開罵：有沒有完哪！就在這同一章裡，已經提出了如何畫彎曲箭的兩大戒律，跟著有決定共振結構合法不合法的三個步驟，現在又來了三個決定哪一個共振結構重要或不重要的法則！的確會讓人很煩，不過好消息是：講完這三個法則後，這一章就結束了。有關共振結構的部分也終於告一段落，不再會有更多的步驟跟法則啦！還有一個好消息：畫共振結構非常像騎腳踏車，記得在初學騎腳踏車時，你做每一個動作時，都必須時時刻刻保持全神貫注，以免一不小心就從車上摔下來。你也必須記住許多法則，例如當你覺得腳踏車出現了倒向左邊的危險時，你得把身體傾向車子右邊，且同時轉動把手，讓車子稍微左轉，即可獲得新的平衡而化解摔跤的危機。但是等你熟練之後，你根本用不著記住那些法則，你會到達人車合一、放開雙手騎車的高手境地。學畫共振結構也是如此，當然你免不了要多多練習，熟練之後不知不覺之間，你就變成了共振專家了。而這項「資格」可是修有機化學課拿好成績不可缺少的必要條件。

　　好了，現在讓我們來看看，決定共振結構是否重要的三個法則。

法則 1　電荷愈少愈好。最佳的結構是不帶任何電荷的，帶一個甚至於兩個電荷的結構都還不算離譜，但是你應該試圖避免有兩個以上電荷的結構。我們比較下面這兩個案例：

這兩個化合物同樣在一個碳原子和一個陰電性原子之間有一根 π 鍵（C＝O），也同樣在緊鄰 π 鍵的原子上有一對未共用電子對，所以我們自然會預期它們的共振結構很相似，而且預期它們有同樣

數目的共振結構,但是事實並非如此。讓我們看看道理何在。我們
先把左手邊第一個化合物的共振結構畫出如下:

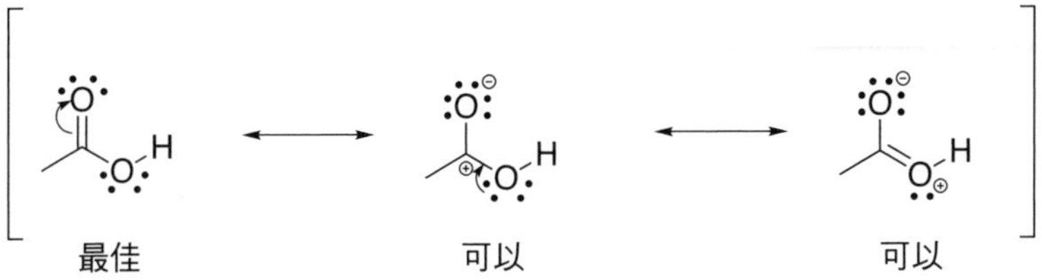

上圖左邊第一個共振結構是最好的一個,因為它沒有電荷分離。其
他的兩個結構都有電荷分離,但是各結構僅有兩個電荷,且其中的
負電荷是在氧原子上(法則 2 將解釋,為何負電荷在氧原子上很重
要),所以還不算離譜。

接下來讓我們畫出第二個化合物的共振結構:

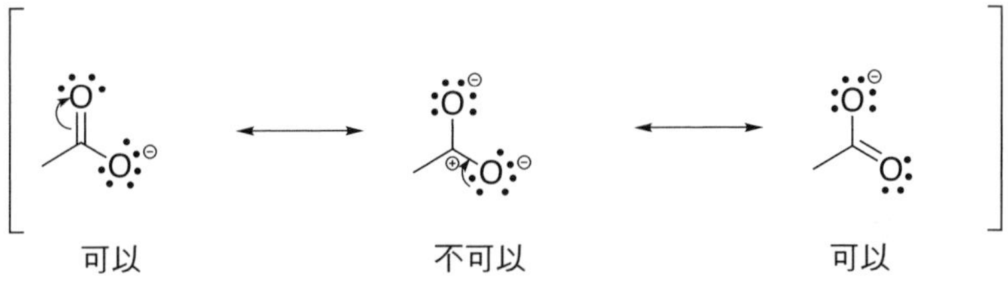

上圖第一個和第三個共振結構都還可以,但是中間的共振結構不可
以,原因是它的電荷太多。所以當我們畫共振結構圖時,中間這個
結構因為不重要可以不畫。

法則 2 要把沒有形式電荷的分子結構,轉換成另有一個正電荷跟一
個負電荷的結構,**負電荷必須位於具陰電性的原子上**。比如下面這
個共振結構可以這樣畫:

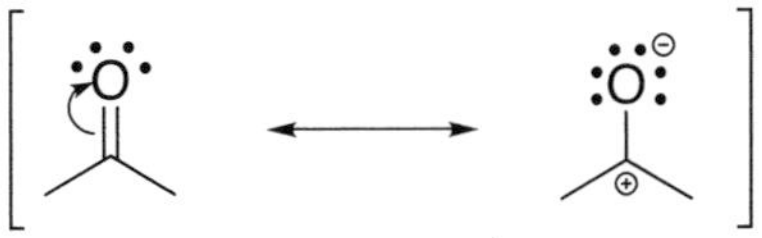

卻不可以這樣畫：

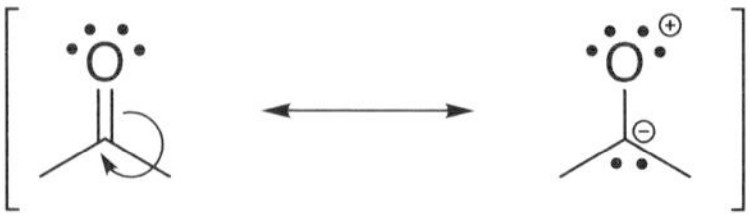

從技術面上看，上圖右邊結構合法，因為沒有違反兩大戒律。但是它的重要性不夠，由於它的負電荷是在碳原子上，而正電荷卻在氧原子上。

同樣的理由使得我們不把雙鍵畫成下面的模樣：

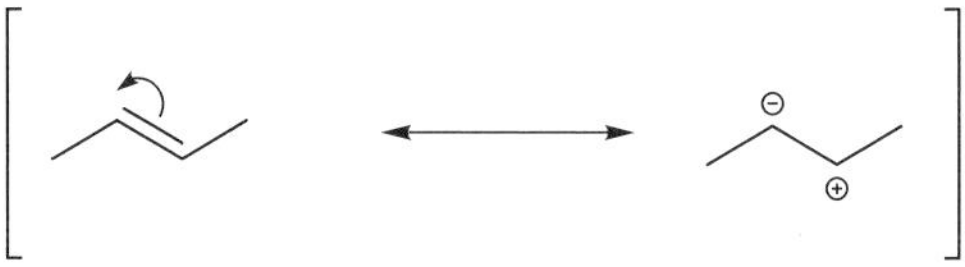

它固然合法，但是創造出不被看好的電荷分離，且看不出有什麼好處（生成的負電荷不在陰電性原子上），所以它不重要。

法則 3 有些情況下我們可以畫一個共振結構，其中的正電荷在陰電性原子上。不過得有個先決條件，就是原子外圍環繞的電子數，都必須合乎八隅體法則。比方說，讓我們考慮下面這對結構：

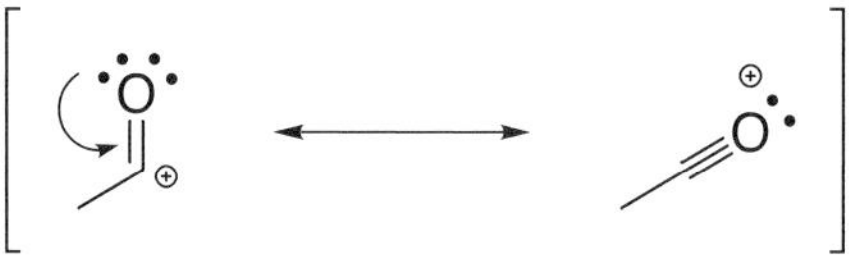

上圖左邊的結構，氧的周圍有八個電子，但它下方的碳原子卻只有六個電子。當我們畫出了右邊的共振結構，氧原子上出現一個正電荷，但是氧原子跟碳原子都符合八隅體。所以即使氧原子上有一個正電荷，它仍然是一個很好的共振結構。

這兒還有一個例子，正電荷也出現在氮原子上：

上圖左邊結構裡，氮有八個電子，但它左側的碳原子只有六個電子。當我們畫出了它的共振結構時，氮原子上有一個正電荷，然而我們看到該結構的氮原子跟碳原子都符合八隅體。因此即使陰電性的氮原子上出現一個正電荷，這個結構都算是很好的共振結構。

再說一次，只有在使所有的原子都符合八隅體的條件下，才能把正電荷加在陰電性的原子上。下面這個例子就不可以：

原因很顯然：由於右邊結構下方帶正電荷的氧原子不符合八隅體法則，因而這個共振結構不重要。

習　題 檢視以下各化合物，畫出它們所有「重要的」共振結構。

2.61 _____

2.62 _____

2.63

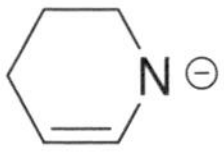

2.64

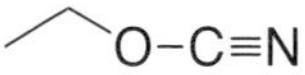

2.65

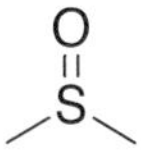

2.66

2.67

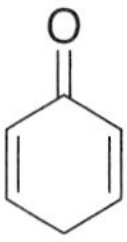

2.68

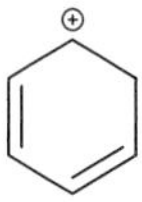

2.69

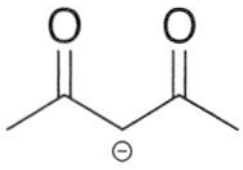

2.70

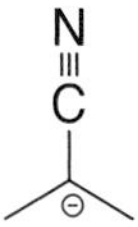

2.71

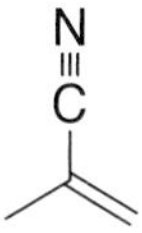

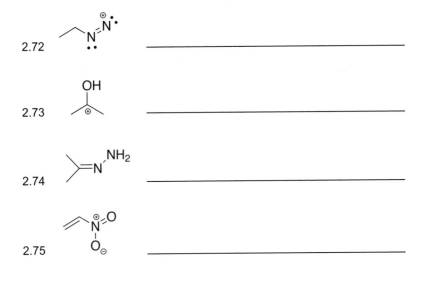

2.72

2.73

2.74

2.75

這裡整理出畫共振結構時，要遵守與注意的所有條件。

兩大戒律

1. 絕對不可以打斷單鍵

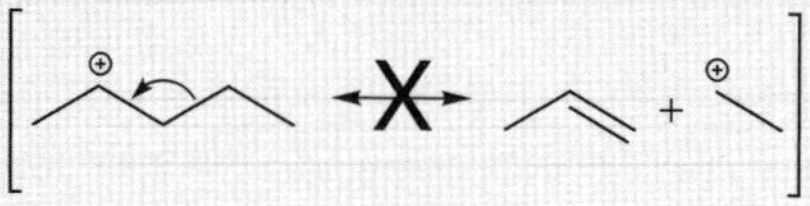

2. 絕對不違反八隅體法則

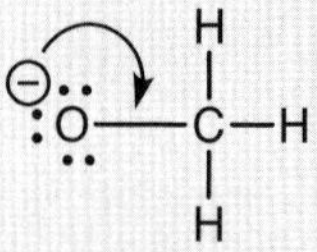

不正確的畫法
（C會有10個電子）

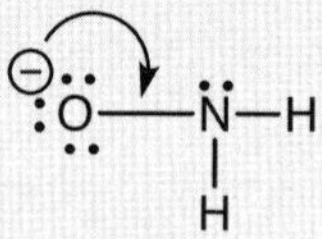

不正確的畫法
（N會有10個電子）

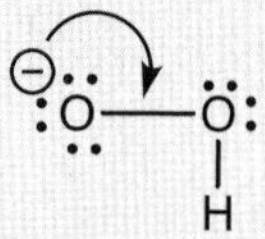

不正確的畫法
（右邊的O會有10個電子）

五種模式

1. 緊鄰 π 鍵的未共用電子對，共振畫法如下：

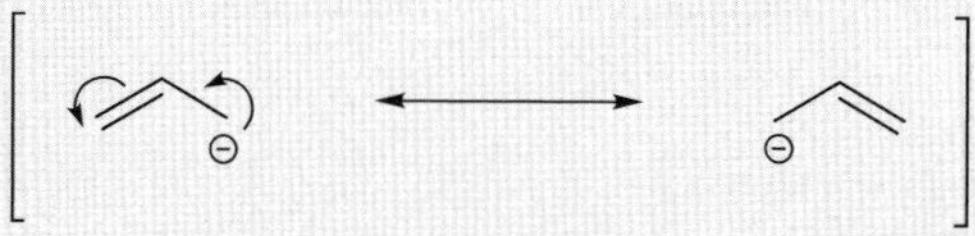

2. 緊鄰正電荷的未共用電子對，共振畫法如下：

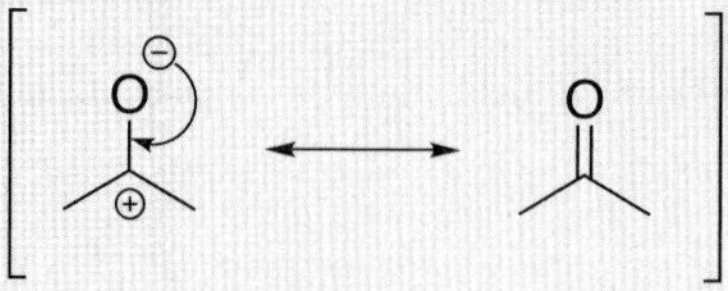

3. 緊鄰正電荷的 π 鍵,共振畫法如下:

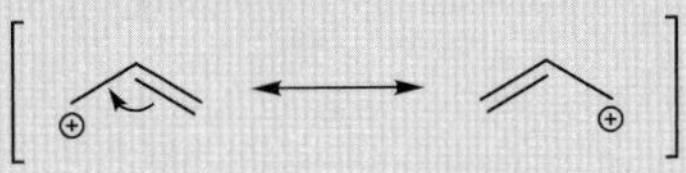

4. 兩個原子間的 π 鍵,其中一個原子為陰電性,共振畫法如下:

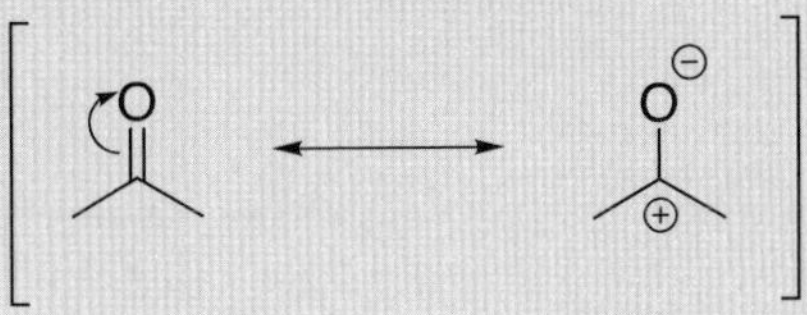

5. 繞著整個環的 π 鍵,共振畫法如下:

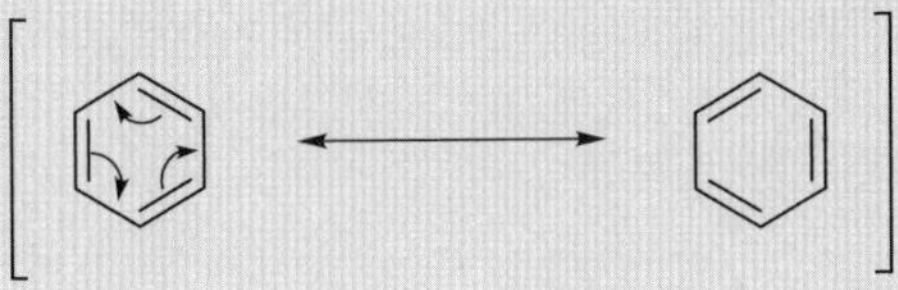

三個法則

法則 1 分子結構上的電荷愈少愈好

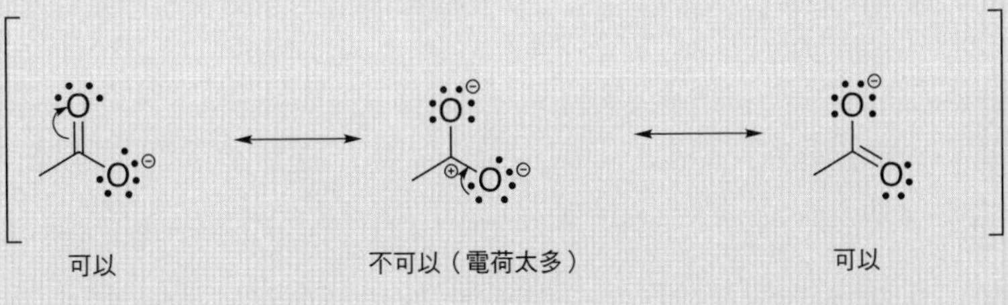

可以　　　　　　　不可以(電荷太多)　　　　　　　可以

法則 2　負電荷必須在具陰電性的原子上

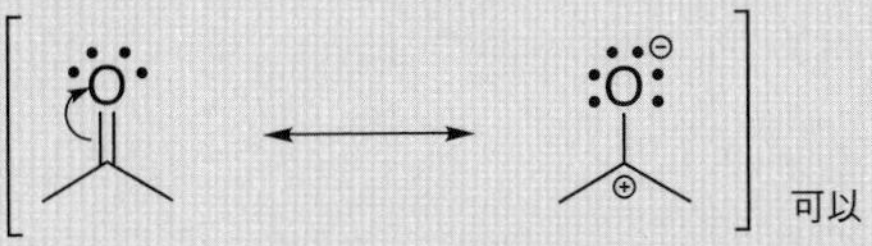

可以

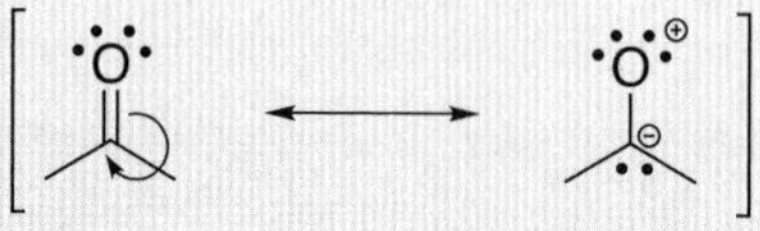

不可以

法則 3　符合八隅體時，正電荷也可能出現在具陰電性的原子上

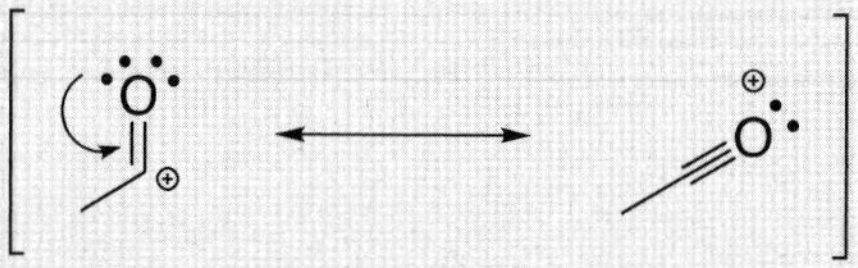

可以，符合八隅體法則

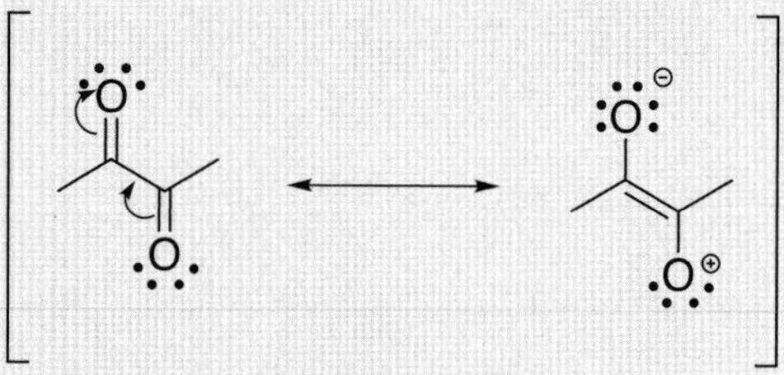

不可以，
不符合八隅體法則

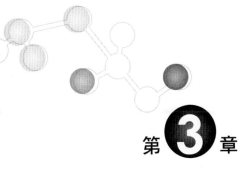

第**3**章

酸—鹼反應

　　不管是哪本有機化學教科書，前幾章的焦點幾乎都是在分子結構上，包括原子如何連接成鍵、我們該如何畫這些連接、各種畫法帶來的問題、我們如何稱呼各種分子、分子的三維空間外觀是怎樣、分子如何在空間裡扭轉跟彎曲、以及種種其他相關議題。用意無非是要學生在探討有機化學反應之前，先確實搞清楚分子結構的一切。但是有一種反應例外，那就是酸—鹼化學。

　　在所有的有機化學教科書前幾章裡，總是不免俗地要撥出一章來介紹酸—鹼化學。雖然就內容而言，把這一章放到後面一點，跟其他各種反應放在一起似乎比較合理。大家會不約而同地把它安排在課程的初期，有一個很重要的理由，你一旦知道了這個理由，會更了解為何酸—鹼化學很重要。

　　要明瞭為何在課程剛開始就教酸—鹼化學，首先我們需要對什麼是酸—鹼化學有初步的認識。讓我們用一個簡單的方程式來說明：

$$\text{HA} \rightleftharpoons \text{H}^+ + \text{A}^-$$

在上面的方程式裡，我們看到在平衡符號的左邊有一個酸（HA），符號的右邊有它的共軛鹼（A^-）。HA 之所以稱為酸，是因為它能夠釋出質子（H^+），而 A^- 之所以稱為鹼，則是因為它要把質子收回（酸釋出質子，鹼接收質子）。由於 A^- 是 HA 失去質子後的產物，我們把 A^- 稱為 HA 的**共軛鹼**（conjugate base）。

其次我們要問：HA 有多願意釋出那個質子？如果 HA 非常願意釋出質子，HA 就是強酸。如果 HA 不很願意釋出質子，那麼 HA 就是弱酸。我們又如何分辨出，HA 很願意或是不很願意釋出質子？**我們可以從它的共軛鹼看出端倪。**

你注意到這個共軛鹼上有一個負電荷，真正的問題是：那個負電荷有多穩定？如果這個負電荷很穩定，那麼 HA 會很願意釋出質子，所以 HA 是強酸。但如果該電荷不很穩定，那麼 HA 不會很願意釋出質子，所以 HA 會是弱酸。

因此要完全搞懂酸—鹼化學並不難，你只需要擁有一項技術：**在面對負電荷時，能看出它有多穩定**。如果你有這項本事，酸—鹼化學對你說來將輕而易舉。但是如果你無法決定電荷的穩定度，即使你讀完了酸—鹼化學這一章，你還是有麻煩。原因是要預測反應，你需要知道哪類電荷穩定、哪類電荷不穩定。

現在你可以懂得為何有機化學課程中，一早就要教酸—鹼化學了。電荷穩定度是了解分子結構不可或缺的部分，它之所以如此重要，原因是各種反應的本質是電荷間的交互作用。在開始探討各種反應之前，你必須先熟悉哪些因素會使電荷變得更穩定，或變得更不穩定。本章要介紹四個最重要的因素，我們一個個分別來談。

3.1 因素 1 ──電荷在哪個原子上？

決定電荷穩定度的最重要因素是問電荷依附的原子是啥。比方說，考慮下面兩個帶電荷的化合物：

左邊的化合物在氧原子上有一個負電荷，右邊的化合物則是硫原子上有一個負電荷。我們該如何比較呢？答案在週期表上，我們得去查週期表，並同時考慮兩個趨勢：一是比較週期表上同一列的元素，其二是比較週期表上**同一行**的元素：

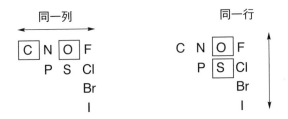

先讓我們比較**同一列**的元素：譬如比較碳和氧：

左邊化合物的電荷在碳上，右邊化合物的電荷在氧上。那麼哪一個化合物比較穩定？你應該記得，週期表上同一列的元素，愈靠右邊的陰電性愈高：

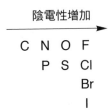

由於陰電性是元素對電子親和力（原子對外來電子的接受程度）的計量。所以我們可以說，氧原子上的負電荷比碳原子上的負電荷來得安定。

其次我們比較**同一行**的元素，例如：碘離子（I^-）以及氟離子（F^-）。這方面倒是有點兒古怪，因為它們的穩定程度，跟陰電性的趨向相反：

沒錯，氟的陰電性的確高過碘的，但是在比較同行元素時，還有一個更重要的趨勢：**原子的大小**。跟氟比起來，碘龐大得多，以致於當電荷被安放在碘原子上時，電荷是散布在一個非常巨大的體積上。而當同樣的電荷被安放在氟原子上時，它相對地局限在一個非常小的空間內：

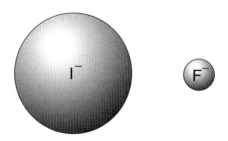

雖然氟的陰電性比碘的高，碘卻因尺寸大的關係而更能穩定其上的負電荷。換句話說，碘離子比氟離子更穩定，所以 HI 必然是比 HF 更強的酸，或者說 HI 比 HF 更願意給出質子。

　　總之，我們說到了兩個很重要趨勢：**陰電性**（週期表上同一列原子的比較）跟**大小**（週期表上同一行原子的比較）。不過前者（比較同列原子）的影響力量遠大於後者，換句話說，C^- 跟 F^- 之間的穩定性差異遠大於 I^- 跟 F^- 之間的穩定性差異。

　　現在我們有了解決本章第一個問題所需要的所有資訊啦！讓我們重複這個問題一次：下面兩個離子中，哪一個的電荷比較穩定？

比較上面這兩個離子，我們看到一個氧原子上帶負電荷（左邊的化合物），以及一個硫原子上帶負電荷（右邊的化合物）。氧跟硫在週期表上是同在一行，所以原子的大小是決定它們穩定性的關鍵。硫比氧大，所以硫較能穩定負電荷。

練習 3.1 比較下面這個化合物中的兩個質子，請問哪一個酸性較強？

答　案 首先我們拔掉其中一個質子（氮上的質子），畫出缺少該質子的共軛鹼。接著我們改拔掉另一個質子（氧上的質子），也畫出缺少該質子的共軛鹼：

現在我們來比較這兩個共軛鹼，看哪一個比較穩定。換句話說，哪一個負電荷比較穩定？這兩個負電荷，一個在氮上、一個在氧上，所以我們比較的是週期表上「同列」的兩種原子，看它們陰電性的趨勢，由於氧在氮的右邊，陰電性較強，所以氧較能穩定負電荷，因此氧上的質子比較願意脫離，所以它是較強的酸：

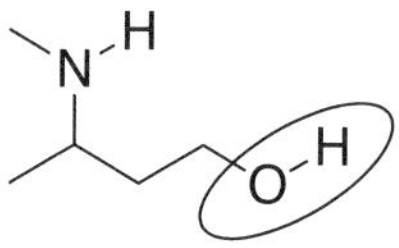

習 題

3.2 比較下面化合物中清楚顯示出來的兩個質子（該化合物中還有其他質子，但只畫出來兩個）。請問這兩個質子中，哪一個的酸性較強？記住你得把它們的共軛鹼先畫出來後再做比較。

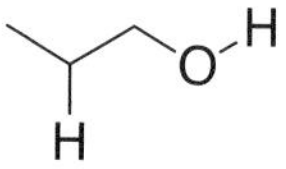

共軛鹼 1　　　　　　　　共軛鹼 2

3.3 比較下面化合物中清楚顯示的兩個質子，請問這兩個質子中，哪一個的酸性較強？

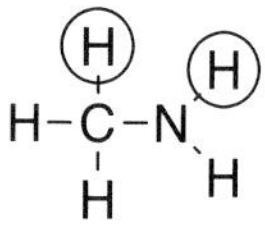

共軛鹼 1　　　　　　　　共軛鹼 2

3.4 比較下面化合物中顯示的兩個質子，請問哪一個質子的酸性較強？

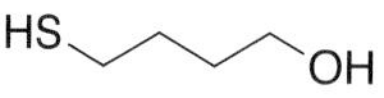

共軛鹼 1　　　　　　　　共軛鹼 2

3.5 比較下面化合物中顯示的兩個質子，請問哪一個質子的酸性較強？

共軛鹼 1　　　　　　　　共軛鹼 2

 3.2 因素 2 ——共振

　　第 2 章的內容全都是教我們如何畫共振結構，如果現在你還沒讀完第 2 章的話，最好先去把它好好讀完，再回來讀這一節。我們在第 2 章講過，有機化學中的每一個議題都跟共振脫不了干係。這兒要說的是它跟酸—鹼化學的關係。

　　要了解共振在此扮演的角色，我們先比較下面這兩個化合物：

在這兩個例中如果我們把質子拔掉，結果都是氧獲得一個負電荷：

所以我們無法利用因素 1（電荷在哪個原子上）來決定哪一個質子比較酸。但是這兩個負電荷之間另有一個舉足輕重的差異，就是左邊的那一個會因為共振而穩定下來：

　　要切記共振的意義。它並不意味我們真有兩個處於平衡狀況下的不同結構，它告訴的是，實際上僅有一個化合物，畫兩個結構圖是因為我們無法用一個圖，充分說明分子裡電子的位置。上例中的負電荷事實上是對等地散布在兩個氧原子上，為了闡明此點才不得不畫兩個圖。

　　那麼這跟安定負電荷又有什麼關係？讓我們想像，你手裡有一個很燙的洋芋（由於太燙，無法握在手裡很久）。如果這時候你抓來另一個冷的洋芋，並把燙洋芋上的一半熱量轉移到這個冷的洋芋上，於是你手上有了兩個洋芋，而且都不燙手。同樣的概念也可以應用到這裡，當我們把一個電荷分散到其他的原子上，我們稱為「非定域化」（delocalized）。非定域化的負電荷要比定域化（即固定在一個原子上）的負電荷穩定：

　電荷被固定在一個原子上（即「定域化」了）

　　這個因素非常重要，它說明了為何羧酸類（carboxylic acid, R — O — C = O）為酸性：

羧酸類之所以是酸性的，是因為它們的共軛鹼會因為共振而穩定。值得強調的是，羧酸的酸度並不很強，雖然比起醇類（R — OH）和胺類（R₃ — N）等有機化合物，顯得很酸，但是比起硫酸或硝酸

等無機酸來，就算不得什麼啦！上面這個平衡式表示一個羧酸分子失去一個質子，但是事實上在每一個羧酸分子失去質子的同時，卻有 10,000 個羧酸分子緊抓住它的質子不放。在酸的世界裡，這的確不能算是很酸，但是每件事情都是相對的，看你拿它跟什麼去比罷了。

所以我們學到了共振（非定域化負電荷）是一個安定因素。接下來我們要問的是：如何大致決定此因素的安定力多強？讓我們考慮下面這個例子：

其中的負電荷受四個原子穩定：一個氧原子和三個碳原子。雖然碳並不像氧那麼喜歡跟負電荷混在一塊，但是讓電荷分散到一個氧原子和三個碳原子上，總比固定在一個氧原子上好得多。能把電荷分散到各處，鐵定對穩定電荷有幫助。

但是有多少個原子共享電荷並不是判讀的重點。比方說，我們發現，把電荷分散到兩個氧原子的情況，要比分散到一個氧原子和三個碳原子的情況穩定：

比較穩定

所以現在我們有一個基本架構，可以比較受共振安定的化合物，它包括了兩條規則：

1. 愈是非定域化愈好。一般說來，分散到四個原子上的電荷比分散到兩個原子上的電荷穩定，**但是**

2. 一個氧原子比好幾個碳原子相加的效果還好。

現在讓我們做些練習。

練習 3.6 檢視下面這個化合物中畫出來的兩個質子，請問哪一個比較酸？

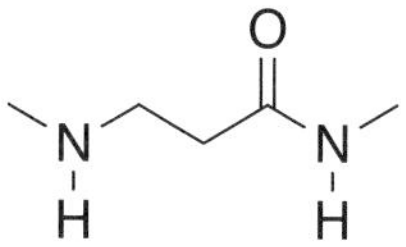

答　案

我們首先分頭拔掉其中一個質子，畫出兩個不同的共軛鹼：

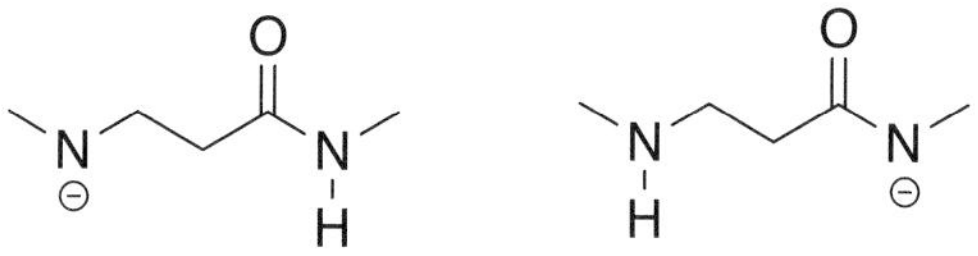

然後比較這兩個共軛鹼，判斷哪一個比較穩定。我們看到，左邊化合物的負電荷固定在一個氮原子上，哪兒都去不了。右邊化合物的負電荷可以非定域化，也就是負電荷分散在一個氮原子和一個氧原子上（畫出共振結構）。根據上述規則，非定域化的負電荷比定域化的穩定，所以右邊的化合物比較穩定。

究竟哪一個質子比較酸呢？答案應該是質子離開後，會得到比較穩定共軛鹼的那一個：

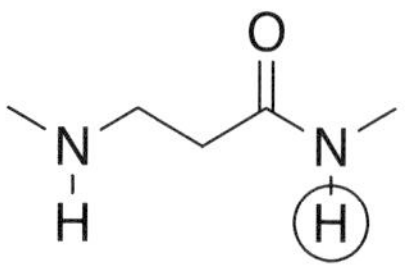

習　題

3.7　比較特別畫出來的兩個質子。下面這個化合物中尚有其他質子，但是只畫了兩個出來。

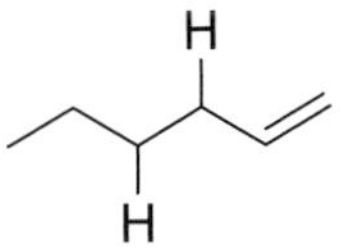

共軛鹼 1　　　　　　　共軛鹼 2

請指出哪一個質子比較酸，並且經由比較它們共軛鹼的穩定性，來解釋為什麼。

_____

_____

3.8　比較特別畫出來的兩個質子：

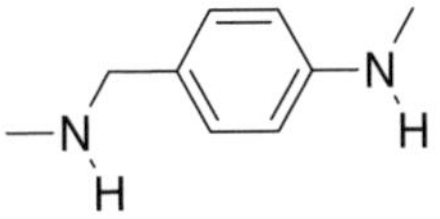

共軛鹼 1　　　　　　　共軛鹼 2

請指出哪一個質子比較酸，並且經由比較它們共軛鹼的穩定性，來解釋為什麼。

_____

_____

3.9　比較特別畫出來的兩個質子：

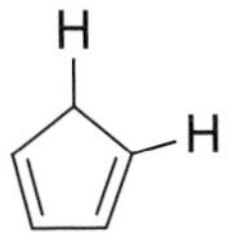

共軛鹼 1　　　　　　　共軛鹼 2

請指出哪一個質子比較酸，並且經由比較它們共軛鹼的穩定性，來解釋為什麼。

_____

_____

3.10 比較特別畫出來的兩個質子：

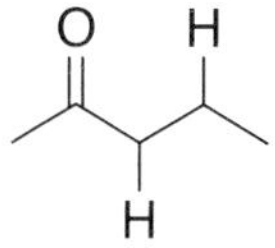

共軛鹼 1　　　　　　　共軛鹼 2

請指出哪一個質子比較酸，並且經由比較它們共軛鹼的穩定性，來解釋為什麼。

_____

_____

3.11 比較特別畫出來的兩個質子：

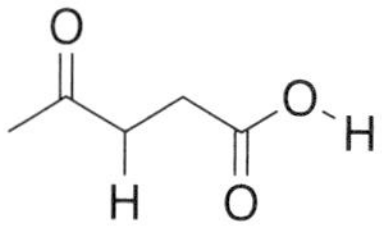

共軛鹼 1　　　　　　　共軛鹼 2

請指出哪一個質子比較酸，並且經由比較它們共軛鹼的穩定性，來解釋為什麼。

_____

_____

3.12 比較特別畫出來的兩個質子：

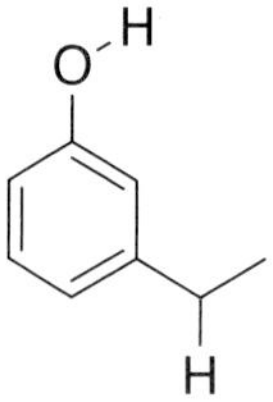

共軛鹼 1　　　　　　　共軛鹼 2

請指出哪一個質子比較酸,並且經由比較它們共軛鹼的穩定性,來解釋為什麼。

 3.3 因素 3 ——感應

讓我們比較下面這兩個化合物:

哪一個化合物比較酸?回答這個問題的唯一辦法是,拔掉它們的質子並畫出對應的共軛鹼:

讓我們試試之前學過的兩個因素。由於負電荷都在氧原子上,因素 1 顯然幫不上忙。又由於兩者都有共振,且電荷同樣分散在兩個氧原子上,所以因素 2 也無用武之地。我們需要因素 3 才能比較這兩個化合物。

仔細檢查這兩個化合物的不同處,我們清楚地看到:左邊化合物的三個氫原子,在右邊的位置變成了三個氯原子。這項替換會有什麼影響呢?要解答此問題,我們需要了解一個叫做「感應」(induction)的觀念。

　　我們知道陰電性是原子對電子親和力的計量，那麼你可知道當你有兩個陰電性不同的原子相連接時，會發生什麼事嗎？舉例來說，如果我們考量碳—氧鍵（C—O），氧的陰電性比碳強了許多，以致於它們之間共用的電子對（形成鍵的那對電子）受到氧較強的吸引力，造成兩個原子在電子密度上的差異——氧的電子密度較高，碳的較低。這樣的差異現象通常用 δ^+ 跟 δ^- 來表示，意思是「部分」正的跟「部分」負的電荷：

這種「吸引」電子密度的現象就叫感應。回到這一節開頭所舉的例子，右邊化合物中的三個氯原子，經由感應而把相連接的碳上的電子密度拉向自己，使得這個碳原子變得較缺乏電子（δ^+）。然後這個碳原子會從有負電荷分布的區域，吸引一些電荷密度，而且這樣可以穩定負電荷：

比較安定

　　不過感應效果隨距離的增加而大幅減低。所以下面這兩個例子的穩定性，差異非常大：

比較安定

事實上，右邊的化合物和完全沒有氯原子的化合物，穩定性差不多。顯然若是距離稍遠，陰電性原子的感應效果就會大打折扣。但是如果距離太近，又反而會降低穩定性：

上面這兩個化合物中，畫出來的兩個質子酸性不強，原因是它們離陰電性原子（氧或氟）太近了。如果把質子去除，會發現形成的負電荷就緊鄰有未共用電子對的原子：

緊鄰未共用電子對

當最靠近的兩個原子上都各有未共用電子對時，我們稱為 α 效應。兩邊的未共用電子對會互斥，使穩定性降低。

現在我們知道，如果負電荷附近有陰電性強的原子（N、O、Cl、Br 等）經由感應作用，對該這個電荷有穩定的效果，但負電荷與陰電性原子團的距離，只能相隔一個碳原子，更遠更近都不行。但是碳原子〔烷基（alkyl group）〕會不會對負電荷的穩定性有影響呢？比方說，下面這兩個化合物，它們的酸性是否有別？

不錯，是有些差別，而且了解此差別很重要，它來自普遍應用在有機化學課程中的原則，而這個原則背後的觀念非常簡單：**烷基會提供電子。**

　　之所以如此，是因為一個叫做**超共軛**（hyperconjugation）的概念。我們在此先不做進一步的探討，如果對它有興趣，可以去查閱教科書。在這兒你只要記住一件簡單訊息，就是烷基是電子提供者。這對於負電荷會有怎樣的影響？如果電子密度被推送到有一個負電荷在的地方，那麼這地方的穩定性顯然會降低。這有如你手上拿著一個燙手的洋芋，這時卻偏偏有人拿著一個熱熨斗走過來，替你的洋芋加溫一樣。

　　所以兩者比較的結果如下：

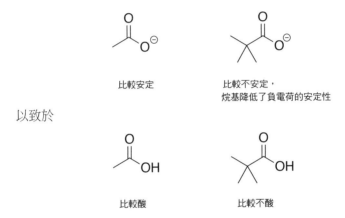

比較安定　　　　　　　比較不安定，
　　　　　　　　　　　烷基降低了負電荷的安定性

以致於

比較酸　　　　　　　　比較不酸

練習 3.13 檢視下面這個化合物，其中特別畫出來了兩個質子，請問哪一個質子比較酸？

答　案 先把分別去質子的兩個共軛鹼畫出來如下：

我們看到左邊化合物中的負電荷，或多或少地受鄰近的兩個氟原子的感應作用而穩定下來。右邊化合物正好相反，它的負電荷受到鄰近兩個碳原子（甲基）的提供電子作用，變得較不穩定。因此，左邊化合物比較穩定。

比較酸的質子是指在質子游離後，產生的負電荷比較穩定，所以下面被圈起來的質子比較酸：

習　題

3.14 比較下圖中特別圈出之質子：

共軛鹼 1	共軛鹼 2

請指出哪一個質子比較酸，並且經由比較它們共軛鹼的穩定性，來解釋為什麼。

_____

_____

3.15 比較下圖中特別畫出來之質子：

共軛鹼 1	共軛鹼 2

請指出哪一個質子比較酸，並且經由比較它們共軛鹼的穩定性，來

解釋為什麼。

_____

_____

3.16 比較下圖中特別畫出來之質子：

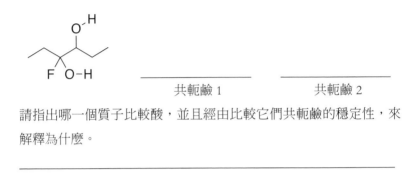

	共軛鹼 1		共軛鹼 2

請指出哪一個質子比較酸，並且經由比較它們共軛鹼的穩定性，來
解釋為什麼。

_____

_____

 3.4 因素 4 ── 軌域

　　請看下面這個化合物跟其中特別畫出來的兩個質子，前此所討
論的三個因素顯然都無法解釋，這兩個質子的酸性是否有任何差異：

　　如果我們把這兩個質子分別拔掉，比較獲得之兩個共軛鹼。我們得
到的是：

兩個化合物的負電荷都同樣依附在碳原子上，所以因素 1 對此沒有幫助。雙方都沒有具有穩定效果的共振結構，因素 2 在此也無用武之地。我們也看不出有任何感應作用，顯然因素 3 也幫不上忙。這個答案得取決於容納該負電荷的電子軌域類型。

讓我們很快複習一下，包括 sp^3、sp^2 和 sp 的各種混成軌域外形都差不多，但大小有異：

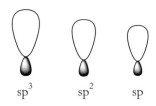

如上圖所示，我們注意到 sp 軌域比其他兩個要小些跟緊密些，比較接近原子核。原子核的位置就在，前葉（白色）跟後葉（灰色）交接處。因此，sp 軌域上的未共用電子對，和帶正電荷的原子核靠得最近，也正因為它離原子核最近，所以最穩定。

在 sp 混成碳原子上的負電荷，比在 sp^3 或 sp^2 混成碳原子上的負電荷穩定：

比較穩定

如何決定碳原子上的混成軌域為 sp、sp^2、或 sp^3 呢？這簡單：有一根參鍵碳原子，混成軌域為 sp，有一根雙鍵的碳原子，混成軌域為 sp^2，全都是單鍵的碳原子，混成軌域為 sp^3。有關此議題的其他資訊，請看本書第 4 章（分子幾何學）。

練習 **3.17** 找出下面這個化合物中最酸的質子：

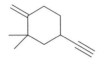

答　案 重要的是，你現在應該能一眼看出，鍵一線圖表示的化合物中，所有質子（氫原子）的位置。如果你發現這對你而言還有困難，應該馬上回過頭去複習討論鍵一線圖的第 1 章，直到不再感覺任何困難為止。在上面這個化合物中，只有一個質子在離去後形成了一個占據 sp 軌域的負電荷，其他質子離去後形成的負電荷都是在 sp^3 或 sp^2 混成軌域上，所以最酸的質子是

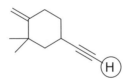

 評比四個因素的等級

　　我們已經逐一看過影響負電荷穩定性的四個因素，現在我們要進一步考慮的是，它們的重要性依序為何。換句話說，面對問題時，我們首先應該注意哪一個因素？以及當發現有兩個因素的影響相互牴觸時，該怎麼辦？

　　一般說來，它們的重要性跟本章討論它們的次序相同，那就是因素 1 最重要，因素 2 次之，以下類推。當你需要選擇哪一個質子比較酸時，標準程序是你需要比較所有的共軛鹼，最穩定的那個就

是答案。在決定穩定度時，你應該按照下面排列的次序逐一比較：

1. 負電荷在什麼原子上？（記住不同原子在週期表上是同列還是同行，結果會有不同。）
2. 有無任何共振作用，可使一個共軛鹼比其他共軛鹼穩定？
3. 有無任何感應效應（陰電性原子或烷基），可使某個共軛鹼變得較穩定或較不穩定？
4. 各共軛鹼的負電荷是在哪一種混成電子軌域內？

以上所列次序有一個很重要的例外。讓我們比較下面這兩個化合物：

如果我們想知道哪個化合物比較酸，依照標準程序我們先拔掉質子，以共軛鹼來比較：

比較這兩個負電荷的穩定性時，我們發現有影響的因素有二：因素 1（負電荷在什麼原子上？）和因素 4（負電荷是在哪一種混成軌域？）。因素 1 告訴我們：在氮上的負電荷應該比在碳上的負電荷穩定。然而因素 4 卻說：在 sp 軌域內的負電荷要比在 sp^3 軌域內的負電荷（氮上的負電荷是在 sp^3 軌域）更穩定。通常因素 1 的影響力最大，其他三個因素若是跟它牴觸都扭不過它，但是這個特殊案例是少見的例外：因素 4 在此贏過了因素 1，因此左邊化合物碳上的負電荷比較穩定：

比較穩定

由於這個緣故，NH_2^- 通常是用來當成拔除參鍵上質子的鹼。

當然除此以外還有少數其他類似的例外，但上例是最為人知的一個。對於絕大多數的問題而言，依照上述四個因素和它們影響力量大小次序，都應該得到正確的答案。

練習 3.18 比較下面化合物上畫出來的兩個質子：

指出哪一個質子比較酸，並說明為什麼。

答案 首先我們需要把兩個共軛鹼畫出來：

現在我們依次用四個因素逐一進行比較，看哪一個的負電荷比較安定：

1. **原子**：兩個負電荷都是在氧原子上，所以此因素並不影響。
2. **共振**：左邊化合物有共振來安定，右邊化合物則否。如果只根據這一項影響，我們會說左邊化合物比較穩定。
3. **感應**：右邊化合物顯然有穩定負電荷效果的感應作用，左邊化合物卻缺乏此項作用。如果只看這一項影響，我們會說右邊化合物比較穩定。
4. **軌域**：在此幫不了忙。

所以我們發現有兩個因素會發生影響，而且相互牴觸。一般說來，因素 2 的共振會贏過因素 3 的感應，所以我們可以下結論說：左邊的負電荷比較穩定，也就是下圖中圈起來的質子比較酸：

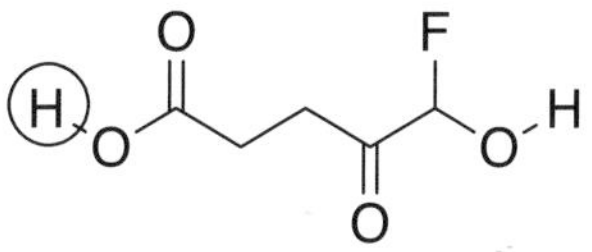

請再次記住這四個因素，以及它們影響力的次序：

1. 原子
2. 共振
3. 感應
4. 軌域

習題 以下每題的化合物中都特地畫出兩個質子。請決定兩者中誰比較酸。

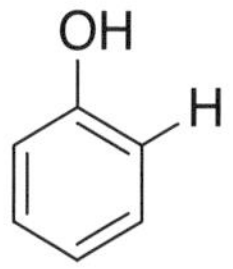

3.19

共軛鹼 1　　　　　共軛鹼 2

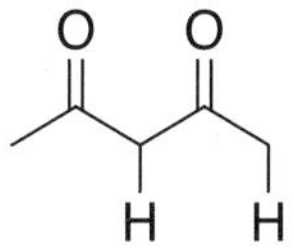

3.20

共軛鹼 1　　　　　共軛鹼 2

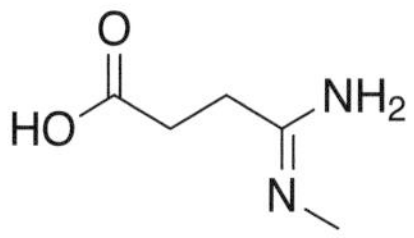

3.21

共軛鹼 1　　　　　共軛鹼 2

有機化學天堂祕笈

3.22

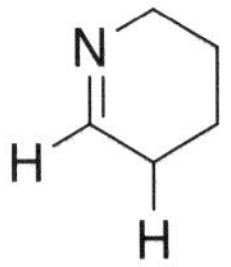

_____   _____
　　共軛鹼 1　　　　　　共軛鹼 2

3.23

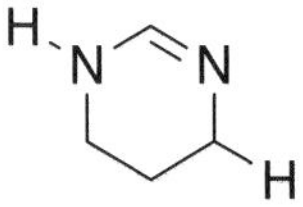

_____   _____
　　共軛鹼 1　　　　　　共軛鹼 2

3.24

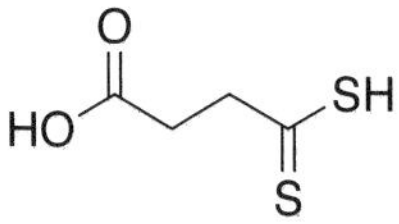

_____   _____
　　共軛鹼 1　　　　　　共軛鹼 2

3.25

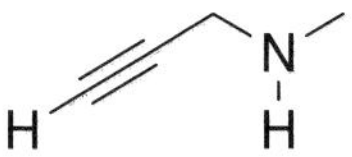

_____   _____
　　共軛鹼 1　　　　　　共軛鹼 2

3.26

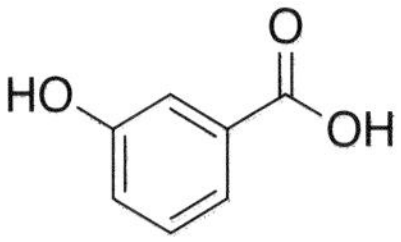

_____   _____
　　共軛鹼 1　　　　　　共軛鹼 2

3.27

共軛鹼 1   共軛鹼 2

習 題 檢視以下各對化合物，預測哪一個比較酸。

3.28 HCl   HBr   3.29 H_2O H_2S

3.30 NH_3 CH_4

3.31 H≡≡H

3.32

3.33 Cl_3C CCl_3

3.6 定量量度（pK_a 值）

　　之前我們提到的比較不同質子酸性的辦法，都是定性法。換句
話說，我們從未說某個質子的酸性，究竟比另一個質子高出多少，我
們也從未精確地說過，某個質子究竟有多酸。我們談到過的只是兩
者的相對酸性，也就是甲比乙酸或乙比甲酸而已。

當然酸性也有定量的辦法可以量度，每一個質子的酸性都可以給予一個數字值、精確地表示它的酸度有多高，這個數值被稱作 pK_a。pK_a 值無法只靠觀察化合物的結構就能獲得，它必須經由實驗測量決定。許多教授要求你知道某些化合物類別之 pK_a 值大概範圍（比方說，所有醇質子，RO—H，的 pK_a 值都相差不了很多）。大部分的教科書上都會有一個 pK_a 數值表，你的任課教師會告訴你，他是否希望你把它背頌下來。不管需不需要背，你都至少應該知道這個數字是啥意思。

pK_a 數值愈小，質子的酸性就愈高。乍聽起來也許有點奇怪，但它就是這麼規定的。譬如某個化合物的 pK_a 值為 4，而另一化合物的 pK_a 值為 7，前者的酸性會比後者高。其次我們需要知道，4 跟 7 這兩個數值之間究竟有多大的差別。這些數字計量的是數量級，而每一級代表 10 倍的差距。換句話說，pK_a 值為 4 的化合物比起 pK_a 值為 7 的化合物，酸性強了 1000 倍。同理，如果兩個化合物一個的 pK_a 值為 10，而另一個的 pK_a 值為 25，則前者的酸性比後者的強了 10^{15} 倍，也就是 1,000,000,000,000,000 倍！

3.7 預估平衡位置

現在我們知道了如何比較電荷的穩定性，有了這個基礎，我們就可以預估反應會向哪一方進行以達到平衡（equilibrium）。讓我們考慮下面這個情景：

$$HA \quad + \quad B^{\ominus} \quad \rightleftharpoons \quad A^{\ominus} \quad + \quad HB$$

平衡代表的是：A^- 和 B^- 兩個化合物的質子（H^+）爭奪戰。有時 A^- 贏得質子，另一些時候卻是 B^- 贏得質子。如果我們同時有非常大量

的 A^- 和 B^- 混在一起，但其中 H^+ 的供應量卻不足，那麼在任何一個時刻，都會有某一定數目的 A^- 分到了質子（構成了 HA），而另有一定數目的 B^- 也分到了質子（構成了 HB）。這兩個數目由反應平衡控制，而反應平衡則是由（你猜得不錯）**負電荷的穩定度**來決定。如果 A^- 比 B^- 穩定，那麼 A^- 很高興維持帶負電荷的狀況，而聽任 B^- 抓走大部分的質子形成 HB。但是如果 B^- 比 A^- 穩定，結果就會相反。

另一種觀察方式如下。在上面這個反應平衡式中，我們看到右邊有 A^-、左邊有 B^-，而平衡會朝向負電荷比較穩定的一邊偏移。所以如果 A^- 比較穩定，那麼該平衡就會偏向形成 A^- 的方向：

$$HA \quad + \quad B^{\ominus} \quad \longrightarrow \quad A^{\ominus} \quad + \quad HB$$

如果 B^- 比較穩定，那麼平衡就會偏向形成 B^- 的方向：

$$HA \quad + \quad B^{\ominus} \quad \longleftarrow \quad A^{\ominus} \quad + \quad HB$$

一旦知道了如何評估負電荷的相對穩定度，就能預估平衡的位置。

練習 3.34 請預估下面這個反應之平衡位置：

$$H_2O \quad + \quad CH_3O^{\ominus} \quad \rightleftharpoons \quad HO^{\ominus} \quad + \quad CH_3OH$$

答 案 我們用前述的四個因素檢視反應，並比較兩邊的負電荷哪一個比較穩定：

1. **原子**：左邊的負電荷在氧原子上，右邊的負電荷也是在氧原子上，在此因素上兩邊沒有差別。

2. **共振**：兩邊都沒有共振結構，都得不到來自共振的安定效果。

3. **感應**：左邊的負電荷由於緊鄰提供電子的烷基，而不穩定。

右邊的負電荷則沒有這層影響。

4. **軌域**：左右沒差。

從以上的分析，我們看到因素 3 讓左右有了差別，結論是右邊的負電荷比較穩定，因而此平衡會朝右進行。結果如下圖所示：

$$H_2O \quad + \quad CH_3O^{\ominus} \rightleftharpoons HO^{\ominus} \quad + \quad CH_3OH$$

習 題

3.35 請預估下面這個反應的平衡位置：

3.36 請預估下面這個反應的平衡位置：

3.37 請預估下面這個反應的平衡位置：

3.8 反應機構表示法

在有機化學課裡，你將會花很多時間去畫反應**機構**（mechanism）。反應機構告訴我們，反應在進行並形成產物的時候，電子如何移動，有時候它需要經過許多階段跟步驟，有時候只需少許幾步就能

搞定。在酸—鹼反應裡，反應機構極直截了當，因為它們就只有一步。我們用彎曲箭（就跟我們前此在畫共振結構時所用的一樣）表示電子如何流動。唯一的不同的是，這兒我們用彎曲箭說明反應如何發生，所以准許打斷單鍵（反應牽涉到打斷單鍵）。但畫共振圖不同，絕不能打斷單鍵（共振圖的第一條戒律）。不過第二條戒律——永遠不得違背八隅體法則，在此依然有效。在畫反應機構時，仍然得遵守八隅體法則。

從推動電子的觀點看，所有的酸—鹼反應都相同，畫法如下：

總是有兩根彎曲箭，一根箭的箭尾放在帶有負電荷，準備抓質子的化合物上，箭頭指向要被拔走的質子。第二根箭的箭尾來自鍵結（質子與相連原子間的鍵），箭頭指向原本跟質子相接的原子。就是如此。永遠是有一對彎曲箭，絕對不會冒出第三根，也不可能變成一根。由於每根彎曲箭各有一頭一尾，問題只會出在頭尾的位置不妥，所以最多你也只可能犯四個錯。不過只要稍加練習，你會發現畫得正確一點也不難，而且也會了解所有的酸—鹼反應都是同樣的反應機構。

練習 3.38 請替下面的酸—鹼反應畫出反應機構：

$$H^{\overset{\displaystyle O}{\frown}}H \quad + \quad CH_3O^{\ominus} \quad \rightleftharpoons \quad HO^{\ominus} \quad + \quad CH_3OH$$

答 案 記住，要有兩根彎曲箭。一根從參與反應的鹼到將要易主的質子，一根從即將斷開（失去質子）的鍵到原來和質子相連的原子：

$$H^{\overset{\displaystyle O}{\frown}}H \quad + \quad CH_3O^{\ominus} \quad \rightleftharpoons \quad HO^{\ominus} \quad + \quad CH_3OH$$

習　題

3.39 請替下面的酸—鹼反應畫出反應機構：

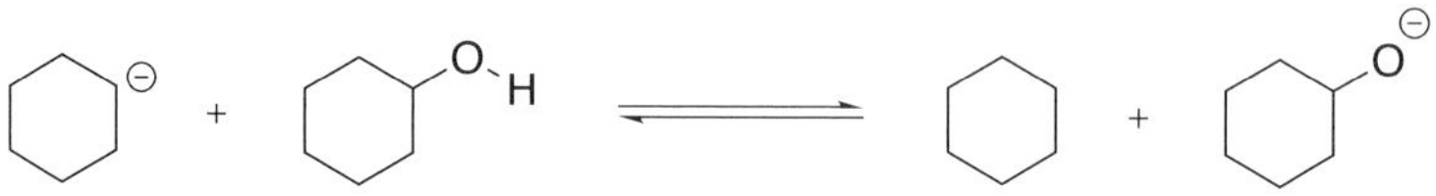

3.40 請替下面的酸—鹼反應畫出反應機構：

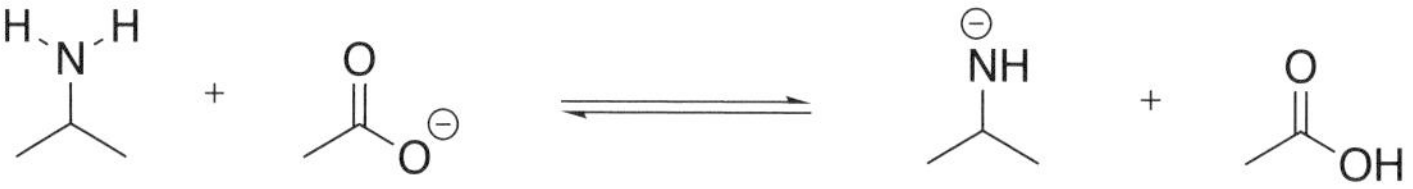

習　題 請畫出當你把氫氧根離子（HO⁻）和下面各個化合物混合時，即將會發生的反應及其機構（記住，你需要找出每一例中，化合物上最酸的質子）。

3.41

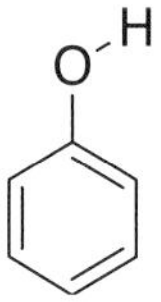

3.42

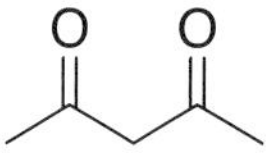

3.43

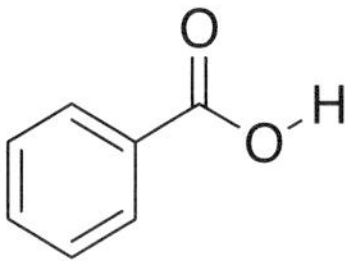

習　　題 請畫出當你把胺離子（H_2N^-）和下面各個化合物混合時，即將會發生的反應及其機構（記住，你需要先找出每一案例中，化合物上最酸的質子）。

3.44　H———H

3.45

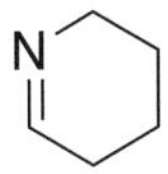

3.46

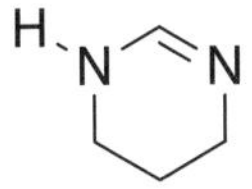

第**4**章

分子幾何學

　　在本章中，我們將討論如何預測分子的三維（3D）空間形狀。這個議題很重要，因為在有機化學課程的下半部裡，你會看到它對反應性造成了許多限制。分子之間要發生反應，雙方分子能發生反應的部位，必須在空間上能相互靠近。如果分子在幾何學上無法互相靠近，反應就不可能發生，這個觀念叫做**立體學**（sterics）。

　　讓我們用一個類比來幫助你了解分子幾何學的重要性。想像你在廚房裡準備感恩節大餐，手正好塞到火雞肚子裡。這時候有人堅持要跟你握手，但你的雙手不得閒，根本無法握手。分子有時也會遭遇到類似的狀況，兩個分子要發生化學反應時，兩分子的某個特殊部位得撞到一起才行，如果這兩個部位不能靠近，反應就不會發生。

　　在這門課的後半部裡，你會有很多機會遇到有兩種截然不同結果的化學反應，其中有許多案例你會只選擇一種結果，原因是另一種結果會有難以克服的立體問題（分子幾何學不讓雙方能進行反應的部位靠近）。事實上，當開始學習第一類反應（S_N2 對 S_N1 取代反應）

時，你就得學習如何做這樣的決定。現在我們知道了分子幾何學非常重要，我們需要建立一些這方面的基本觀念。

要決定整個分子的幾何結構，我們需要能夠根據每一個原子跟其周圍原子的連接方式，決定各原子在分子中的相對位置。所以分子幾何學就是要明瞭原子在三維空間中，如何彼此相連及排列。由於原子之間是經由化合鍵連接，我們應該仔細看看各種鍵，特別是每一個原子連接的每一種鍵，它的確實位置與角度。這聽起來似乎有些困難，實際上卻很直截了當，只需稍加練習，就可以到達運用自如的境界。到時候你見到任何分子式，無須思考就能對它的幾何結構了然於胸，本章就是教你如何達成這個境界。

4.1 各種軌域與混成狀態

要決定分子的幾何結構，我們需要知道原子鍵結的三維空間關係，由於所有的鍵都是來自軌域的重疊，我們理應從軌域談起。

鍵是由一個原子的一個電子，跟另一個原子的一個電子相互重疊所形成的，這兩個電子由這兩個原子共享，我們稱這種情況為鍵結。因為電子存在於叫做軌域的空間範圍內，所以我們真正需要知道的，就是原子周圍各個軌域的位置跟角度。這並不複雜，原因是軌域的可能排列數目非常有限。我們這就來談談軌域究竟是什麼。

簡單的軌域有兩種：s 和 p 軌域（另有 d 跟 f 軌域，只是在有機化學中我們跟它們打不上交道），s 軌域為圓球形而 p 軌域有一前一後的兩葉（lobe）：

s軌域   p軌域

在週期表第二列原子（例如 C、N、O 和 F）的價殼層（valence shell）中，有一個 s 軌域和三個 p 軌域，這些軌域通常都會相互混合，成為混成軌域（hybridized orbital，即：sp^3、sp^2 及 sp），我們說這些混成軌域具有 s 和 p 軌域的混合性質，什麼「混合」性質呢？

假設我們面前有兩個游泳池，其中一個的外形是三角形、一個是五角形。有人拿起一根魔杖對它們一揮，它們立刻變成兩個相同的四方形游泳池。看起來很奇妙，而 sp 軌域就是類似這樣變成的：我們拿一個 s 軌域和一個 p 軌域，用起魔杖對它們一揮，哇！它們就變成了兩個外形相同的軌域。這兩個新軌域外形跟原先的兩個都不同，而是介於兩者之間。

如果參加混合的是兩個 p 軌域和一個 s 軌域，結果會得到三個相同的 sp^2 軌域。說到這兒，讓我們再回到游泳池類比，試想我們原有三個游泳池，其中兩個的外形都是八角形，另外一個則是五角形。魔杖揮過後，變成了三個相同的七角形游泳池。原則上，我們是從三個不同游泳池變成三個相同的游泳池，它們的外形是原來不相同游泳池的平均值。混成軌域的意義與此雷同。三個外形相異的軌域（兩個 p 軌域和一個 s 軌域）混合之後變成了三個彼此相同的軌域，每個新軌域具有原來三個軌域的「平均」性質。由於它們來自兩個 p 軌域和一個 s 軌域，因而稱為 sp^2 軌域。同樣地，當你混合三個 p 軌域和一個 s 軌域，所得到的是四個彼此相同的 sp^3 軌域。

要確實了解鍵的幾何結構，我們需要了解上述這三種不同的混成狀態。一個原子的混成狀態描述的，就是它包含價電子的混成原子軌域（sp^3、sp^2 或 sp），每一個混成軌域都可以用來跟另一個原子形成鍵結，或是包容一對未共用電子對。

要決定混成狀態為何一點也不難，只要會加法，就可以輕鬆的確定原子的混成狀態。你只需要數一數你的原子與幾個原子鍵結，再算一算你的原子有幾對未共用電子對，把這兩個數字加起

來，就得到了包含價電子的混成軌域的總數，只要知道這個數字，就可以決定原子的混成狀態。這樣說似乎滿複雜的，讓我們舉個例子來說清楚。

考慮下面這個分子：

$$O \atop H-C-H$$

讓我們試著決定中央碳原子的混成狀態，首先我們數一數跟這個碳原子鍵結的其他原子有幾個，答案顯然是三個（O 與兩個 H）。氧原子雖然跟碳原子以雙鍵相連，但只算一個原子。

其次我們來算，碳原子有幾對未共用電子對？答案是 0 對（如果你不確定能一眼就看出答案，那麼你得趕緊回到本書的第 1 章，去複習計算未共用電子對的那一節）。再來就是把上面兩個數字加起來，這兒是 3 + 0 = 3，所以這個碳原子一共使用了三個混成軌域。意思是，我們混合了兩個 p 軌域和一個 s 軌域（總數是三個）得到了三個相同的 sp^2 軌域，所以是 sp^2 混成。讓我們更仔細地看看，這究竟是怎麼達到的。

記得我們曾說過，週期表第二列的元素都有三個 p 軌域跟一個 s 軌域，它們可以有三種不同的混合方式：sp^3、sp^2 或 sp。如果我們使用的是三個混成軌域，那麼它們必然是來自兩個 p 軌域跟一個 s 軌域的混合：

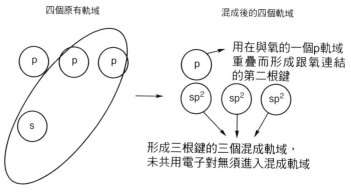

所以決定混成狀態的規則如下：你只要把與該原子鍵結的原子數，及該原子上的未共用電子對數相加，這個和會告訴你該原子需要多少個混成軌域：

> 如果總數為 4，則你有 4 個 sp^3 軌域。
>
> 如果總數為 3，則你有 3 個 sp^2 軌域及 1 個 p 軌域（如同上例中的情況）。
>
> 如果總數為 2，則你有 2 個 sp 軌域及兩個 p 軌域。

這個規則有一個例外，你會在你的教科書上討論芳香族的那一章中看到，現在我們暫時不提。

等你對各種分子圖看得夠多之後，應該不再需要次次都依照上述規則一板一眼地去計算，而能一眼就看出它們各自所屬的混成狀態。以下是 sp^3、sp^2 和 sp 三種混成狀況的一些常見例子：

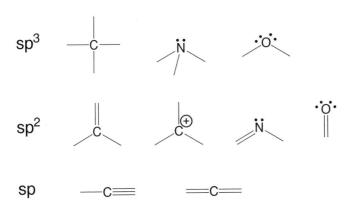

如果能夠決定一個原子的混成狀態，你就能很容易決定該原子的幾何方位。讓我們再舉一個例子。

練習 **4.1** 請指認出氨（NH_3）中氮原子的混成狀態。

答　案 首先我們要問，跟氮原子鍵結的原子有幾個？我們看到跟它連結的是三個氫原子。其次我們要問，該氮原子上有幾對未共用電子對？答案是一對。接下來我們取其和：3 + 1 = 4。它表示在這個例子中，我們需要四個混成軌域，所以它們的混成狀態必然是 sp^3。

習　題 在以下各題中的化合物，請指認出中央碳原子的混成狀態。

4.2 HO–C(=O)–OH

4.3 O=C=O

4.4 CCl₃（CCl_4 結構）

4.5 $(CH_3)_2\overset{+}{C}$ 碳陽離子

4.6 $(CH_3)_2\overset{-}{C}$ 碳陰離子

4.7 $H-C\equiv C-CH_3$

4.8 指認下面這個分子中的每一個碳原子，個別的混成狀態。別忘了先要數一數各碳原子上的氫原子數（圖上未畫出來）。使用下述簡單方法：凡有四根單鍵的碳原子，混成狀態為 sp^3，有一根雙鍵的碳原子，混成狀態為 sp^2，有一根參鍵的碳原子，混成狀態為 sp。

一旦等你熟諳這個簡單的方法，遇到碳原子時你就不再需要數數啦，只要看它有幾根鍵就可以了：如果碳原子上只有單鍵，它必然是由 sp^3 混成，如果碳上有一根雙鍵，則它是由 sp^2 混成，如果它有一根參鍵，那麼它是由 sp 混成。請參閱上頁開列的各混成狀況常見例子。

 **4.2 幾何學**

現在我們知道了如何決定混成狀態。下一步我們需要知道的是，這三種不同的混成狀態各有怎樣的幾何結構。用一個簡單理論就可以解釋了，稱為**價殼層電子對互斥理論**（valence shell electron pair repulsion theory, VSEPR）。簡單講就是：所有含有外層電子（價電子層）的軌域，要盡可能互相遠離。這個簡單的觀念就是你預期原子幾何結構的唯一準繩。現在讓我們把這個理論逐一應用到上述的三種混成軌域上。

1. 四個彼此相同的 sp^3 混成軌域只有在四面體結構時，彼此之間才會達到最遠距離：

你可以把它想像成一個以三條腿站立的三腳架，外帶一根垂直向上的第四條腿。在這個最理想的安排下，任何兩個軌域之間的夾角都剛好等於 $109.5°$。

2. 三個彼此相同的 sp^2 混成軌域只有當它們成為平面三角形結構時，彼此間才達到最遠的距離：

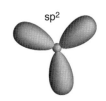

所有的三個混成軌域都在同一個平面，每一個軌域跟其他兩個軌域間的夾角都為 120°。剩下的那一個 p 軌域跟這三個混成軌域所占據的平面相互垂直。

3. 兩個相同的 sp 混成軌域只有當它們成為直線結構時，彼此之間才達到最遠的距離：

這兩個混成軌域彼此成 180°。剩下的兩個 p 軌域彼此成直角，也各自跟兩個混成軌域成 90°。

綜合以上分析，結果非常簡單：

1. sp^3 ＝正四面體（tetrahedral）
2. sp^2 ＝平面三角形（trigonal planar）
3. sp ＝直線（linear）

不過接下來就是學生經常會被弄糊塗的地方，當一個混成軌域裡包含的是一對未共用電子對時，又會如何呢？它對鍵結的幾何方位有怎樣的影響？正確的答案是，軌域的幾何方位並不會發生任何改變，但是分子的幾何方位的確受到了影響。為什麼？

讓我們來檢視一個例子，在氨（NH_3）分子內，氮原子為 sp^3，如我們所預期的，它的**四個軌域排成正四面體結構**。但是其中只有三個軌域用來鍵結。所以如果只看這四個相連結的原子（一個氮原子和三個氫原子），看到的並非是正四面體，而是以正三角形為底的金字塔形（三角錐形）：

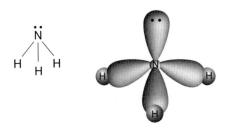

說它的底是正三角形，是因為從中央氮原子伸出去的三根混成鍵，形成了一個正三角形。之所以說它是金字塔形，是因為從側面看這四個原子組成的分子結構，外形很像是金字塔（譯注：真正的埃及金字塔，底座接近正方形，而非正三角形）。

同樣地，在水（H_2O）分子內，氧原子也是以 sp^3 混成，所以如同我們期盼的，它的四個混成軌域也是排成正四面體結構。但是四個軌域中只有兩個用在和氫原子鍵結，所以如果只看這三個相連結的原子，是看不到正四面體的，看到的是曲形（bending）：

我們把以上資料彙整如下：

sp^3 跟 0 對未共用電子對＝正四面體

sp^3 跟 1 對未共用電子對＝三角錐形

sp^3 跟 2 對未共用電子對＝曲形

sp^2 跟 0 對未共用電子對＝平面三角形

sp^2 跟 1 對未共用電子對＝曲形

sp 跟 0 對未共用電子對＝直線

以上這六種不同的幾何結構，就是全部我們所需要知道的。實際做法是首先我們決定該原子的混成狀態，其次利用該原子上的未共用電子對數目，就可以找出該原子的幾何結構。讓我們試試這個方法。

練習 4.9 找出下圖中碳原子的幾何結構：

答　案 首先，我們需要決定碳原子的混成狀態。這個問題我們在本章曾解答過，答案是 sp^2（它與三個原子相連結而無未共用電子對，所以我們需要三個混成軌域，混成狀態為 sp^2）。

其次的關鍵是它有幾對未共用電子對。在此例裡，碳原子上沒有共用電子對，所以它的幾何結構必然是平面三角形。

一旦能夠決定任何原子周圍的幾何結構，決定整個分子的幾何結構就應該沒問題。辦法是逐一分析分子中每個原子的幾何結構，集合起來就是整個分子的結構。乍看之下這似乎是費事耗時的大工程，但是經過實地練習後，你看到任何原子，都馬上能辨別出它的幾何結構。

練習下面的題目，你就能迅速擁有快速解題的能力。也許你在開始的幾題需要花滿長的時間，等依序做到後面幾題時，解題速度就應該有了大幅度的增進。如果屆時你發現速度上沒什麼改進，後幾題仍舊讓你相當頭大，那表示你尚未掌握其中之奧妙，還需要更多的練習。你可以拿出教科書，翻開到後半部的任何一頁，你可能看到一些分子式，隨意指出其中任何分子的一個原子，參考上面的清單，決定該原子的幾何結構。做完一個分子式後再做另一

個，直到你無須參考清單就能迅速做出決定為止。這裡主要是要求做到，在沒有清單的幫助下，決定原子的幾何結構。

習 題 檢視下面各化合物，鑑定其中每一個原子的混成狀態及幾何結構。

4.10

4.11

4.12

4.13

4.14

4.15

4.16

4.17

第5章
命名法

　　所有的分子都有名稱，我們需要知道分子的名字才能溝通。來看下面這個分子：

　　很顯然地，絕對不能只描述為「你知道的嘛，就是那個一共有五個碳原子，一端連結著一個 OH，另外在雙鍵旁邊攜帶一個氯原子的化合物」。首先，有太多化合物符合這個語焉不詳的描述。其次，如果我們再多花費些功夫描述，到了只適合這個化合物程度，不至於讓人誤會，那麼這個敘述一定會太過冗長（也許要用到一整段文字）。然而不要緊張，有機化學界早已研發出了一套命名法，我們只需用少許幾個字和數字（英文則是使用幾個字母和數字），就可以簡單明瞭而且毫不含糊地把化合物描述出來：例如上面這個分子就是：*Z*-2- 氯戊 -2- 烯 -1- 醇（*Z*-2-chloropent-2-en-1-ol）。

　　要把每一個分子、每一個化合物的名字都記下來是不可能的任

務，原因是分子實在多到數都數不完。不過我們可以用這套非常有系統的命名法，以它的規則（即所謂 IUPAC 命名法）為分子命名。記住這些規則要比死背眾多名稱容易得多。然而要確實掌握跟運用規則，也是相當大的挑戰。這些規則非常繁雜，你可能花掉一整個學期在學習規則，卻還是無法學得完整。分子愈大，就需要定下更多的規則，才能顧及各種不同的可能。事實上，這些規則的清單並不固定，還在定期更新與改進。

幸運的是，你並不需要學習所有的規則。因為在這門課裡有機會跟我們打交道的分子都相當簡單，你只需要知道足夠讓你命名小分子的規則就好了。本章的重點就是學會如何命名簡單分子。

每一個名稱分作五個部分：

立體異構現象	取代基	主體	不飽和狀態	官能基

1. **立體異構現象**（stereoisomerism）：指出分子中雙鍵兩端取代基為順／反（cis/trans）、或異／同（E/Z），以及指出立體中心（stereocenter）組態為 R 或 S。後者我們將會在本書第 7 章〈組態〉中討論到。

2. **取代基**（substituent）：可從主鏈上移除的基團。

3. **主體**（parent）：也就是主鏈。

4. **不飽和狀態**（unsaturation）：說明分子中有無雙鍵或參鍵。

5. **官能基**（functional group）：化合物要以反應官能基來命名。

讓我們以上述化合物為例：

立體異構現象	取代基	主體	不飽和狀態	官能基
同	2- 氯	戊	2- 烯	1- 醇
Z	2-chloro	pent	2-en	1-ol

我們把這五個部分作有系統的介紹。從最右邊的項目（官能基）說起，逐步向左推展，最後討論名稱的第一部分（立體異構現象）。如此介紹順序很重要，因為官能基的位置會影響到主鏈的選擇。

5.1 官能基

立體異構現象	取代基	主體	不飽和狀態	官能基

官能基是指具有某種特殊性質的基團組合。比方說：當化合物分子連接了一個－OH，我們就會把分子命名為某某醇（alcohol），或是把它歸納為醇類。事實上，大多數有機化學教科書的編輯理念，就是利用不同官能基作為書中每章的分野（例如用一章專講醇類，另一章則講胺類等等）。讓你跟著課程的進展，逐漸地擴充官能基名稱跟命名規則清單。不過我們決定在此把六種最常見的官能基一次介紹給讀者，因為它們是在你修完有機化學課程之前，遲早會面對的東西。

當一個化合物具有這六種官能基中的一種，我們就用特定的字放在化合物的名稱最末端來表示此一事實。我們可以看到，這就是分子名稱的最後一部分，以下是我們用來表示這些官能基的字尾：

官能基	化合物類別	字尾
$\underset{R}{O}\!\!\diagdown\!\!\underset{OH}{}$	羧酸（carboxylic acid）	酸（-oic acid）
$\underset{R}{O}\!\!\diagdown\!\!\underset{OR}{}$	酯（ester）	酯（-oate）
$\underset{R}{O}\!\!\diagdown\!\!\underset{H}{}$	醛（aldehyde）	醛（-al）

官能基	化合物類別	字尾
$R\overset{\displaystyle O}{\overset{\|}{C}}R$	酮（ketone）	酮（-one）
R–O–H	醇（alcohol）	醇（-ol）
$R-N\overset{H}{\underset{H}{}}$	胺（amine）	胺（-amine）

　　鹵素（F、Cl、Br、I）通常不在化合物名稱的最末字點出。它們是取代基，稍後我們就會談到。

　　你也應該注意到羧酸（RCOOH）的結構。看起來它似乎是把醇（R–OH）擺在酮（RCOR）旁邊。不過請注意，在化學性質上，羧酸跟醇或酮都大異其趣，千萬不要把羧酸誤認為是醇或酮。

羧酸　　　　　　　　　　　既是酮也是醇

　　上面右邊那個既是酮也是醇的化合物挑起了一個很重要的問題：當化合物中有兩個官能基時該如何命名？其實這問題不難解決，其中一個官能基的名稱放在分子名稱最末字，另一個則以字頭形式放在取代基的位置。但是我們應該如何選擇哪一個放在字尾？規則中有固定的位階可以遵循，上面六個官能基清單就是依照該順序所列，愈前面的位階愈高，因此羧酸的位階在醇之前，如果化合物同時有一個羧酸和一個醇，化合物的名稱以某某酸（-oic acid）結尾，而 –OH 部分則以「羥基」（hydroxy）一詞放在取代基的位置。

練習 5.1 在命名下面這個化合物時,你該用什麼字尾?

$$HO \diagdown \diagup NH_2$$

答 案 這個化合物有兩個官能基,所以我們得決定稱呼它為胺或是醇?根據上面列出的官能基位階,醇是胺的上級,所以這個化合物是醇,中文名稱為某某醇,而英文名稱以 -ol 結尾。

習 題 在命名以下各化合物時,你該用什麼字尾?

5.2 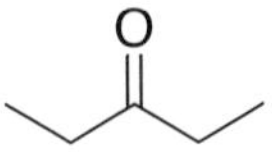
字尾:＿＿＿

5.3 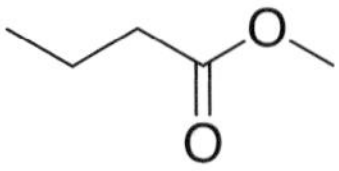
字尾:＿＿＿

5.4 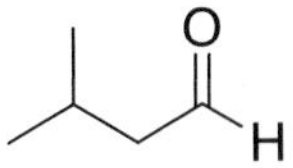
字尾:＿＿＿

5.5 $H_2N \diagup CI$
字尾:＿＿＿

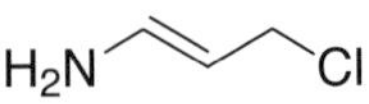

5.6 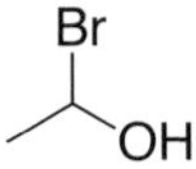
字尾:＿＿＿

5.7 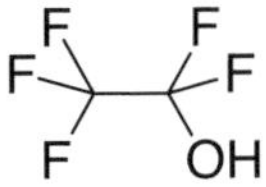
字尾:＿＿＿

5.8 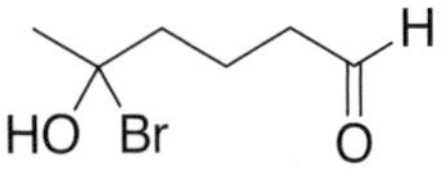
字尾:＿＿＿

5.9 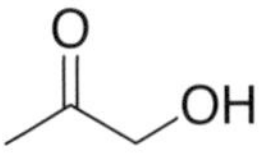
字尾:＿＿＿

5.10 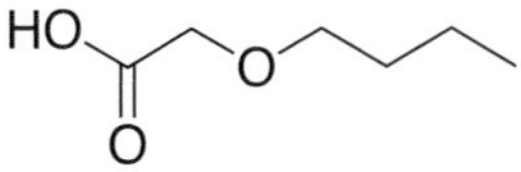
字尾:＿＿＿

如果化合物裡沒有官能基,我們在英文名稱的尾端放一個「e」,中文名稱的最後一字則是「烷」:

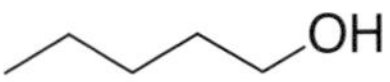

戊醇(pentan**ol**) 　　　戊烷(pentan**e**)

5.2 不飽和狀態

立體異構現象	取代基	主體	不飽和狀態	官能基

　　許多分子有雙鍵或參鍵，它們通常被稱為「不飽和」，原因是有雙鍵或參鍵的化合物，比全部都是單鍵的化合物少了一些氫原子。這些雙鍵和參鍵在鍵－線圖上可以看得很清楚：

参鍵　　　　　　　　　　雙鍵

　　拿上一節的戊烷（pentane）為例，該名稱以烷（e）結尾，這告訴我們，化合物沒有官能基。英文名稱字尾 e 前有「-an-」，告訴我們分子中沒有雙鍵或參鍵。雙鍵的名稱為「-en」（烯），而參鍵的名稱為「-yn」（炔）。例如：

戊烯（pent**en**e）　　　　　　　戊炔（pent**yn**e）

如果化合物中有兩根雙鍵，那麼在不飽和狀態的位置上我們需要把「二烯」（-dien-）嵌入。三根雙鍵的話則嵌入「三烯」（-trien-）。同樣地，若是其中有兩根參鍵，那麼在不飽和狀態之處，我們嵌入「二炔」（-diyn-）。若是有三根參鍵的話，則嵌入「三炔」（-triyn-）。對於更多的雙鍵或參鍵，英文命名時則以下面的名詞標示：

di = 2　　　　tri = 3　　　　tetra = 4　　　　penta = 5　　　　hexa = 6

你極少有可能看到一個化合物裡有許多雙鍵或參鍵，但是雙鍵及參鍵的確會出現在同一個分子中。例如：

上面這個化合物含有三根雙鍵以及兩根參鍵，屬於三烯二炔（triendiyne）。在同時有雙鍵和參鍵時，規定順序是先注記有幾根雙鍵、然後注記有幾根參鍵。

練習 5.11 請說明在命名下面這個化合物時，應該如何描述其不飽和狀態：

答 案 這個化合物有一個雙鍵和一個參鍵。在化合物的英文命名中我們用「-en-」（烯）表示雙鍵，用「-yn-」（炔）表示參鍵。依先雙後參的規定，所以不飽和狀態應以「-enyn-」（烯炔）表示。

習 題 請說明在命名下面各提中化合物時，應該如何描述其不飽和狀態：

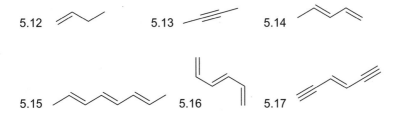

5.12

5.13

5.14

5.15

5.16

5.17

5.3 主鏈的命名

立體異構現象	取代基	主體	不飽和狀態	官能基

　　在命名化合物的主體（主鏈）時，我們尋找的是可以作為該分子名稱根源的碳鏈。化合物內的其他每個部分，都跟主鏈在某一特定位置上連結，而這個位置各以不同的數字表示。因此我們需要知道，如何正確地選定主鏈並給予碳鏈上各位置不同的數字。

　　首先我們要學習如何表達「三個碳的鏈」或「七個碳的鏈」。下表告訴我們正確的主體名稱部分：

鏈的碳數	主體
1	甲（meth）
2	乙（eth）
3	丙（prop）
4	丁（but）
5	戊（pent）
6	己（hex）
7	庚（hept）
8	辛（oct）
9	壬（non）
10	癸（dec）

如果化合物的主體是碳環，則用「環」（cyclo）表達。最常見的環碳分子是由六個碳原子連結而成，因而主體稱為「環己」（cyclohex-）。同理，由五個碳原子組成的環分子稱為「環戊」（cyclopent-）。

　　以上討論到的三個名稱，必須花點功夫記下來。雖然原則上我不主張背東西，但是有時真的躲不掉默記這一關，不過就像你腦子裡忘不掉的十個常用電話號碼一樣，一旦你多用幾次就自然記熟了，之後根本不用為它們傷腦筋啦！

在這部分中比較棘手的一點是，你如何找出當主體的碳鏈。來看下面這個例子，由於它中間有分枝，因此顯然主鏈有三種可能的選擇：

四碳鏈　　　　　　　五碳鏈　　　　　　　六碳鏈

這下問題來了，我們應該選哪一根鏈為主體，要叫它為丁什麼（-but-，表示有四個碳），戊什麼（-pent-，表示有五個碳），或是己什麼（-hex-，表示有六個碳）呢？好在這兒也有兩個決定取捨的規定，一是規定主鏈愈長愈好，另一個規定如有以下三類基團，我們必須把它們包含在主鏈上，而且重要性如下所示：

官能基

雙鍵

參鍵

首先看分子中是否有官能基。如果有，先確定官能基位於主鏈上。請記住上一節裡我們說過，如果分子中有兩個不同的官能基，位階較高的官能基要在主鏈上。前面列舉的三個可能性中，最右端的鏈雖然最長（六個碳原子），但官能基不在其上，所以先遭到淘汰。

之後如果還無法確定主鏈（此例即是），我們需選取主鏈上有雙鍵的（如果分子中有雙鍵的話）。由於這項規定，使得最左邊最短的四碳鏈中選：

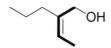

在三個可能的主鏈中，這個四碳鏈是唯一含有官能基以及雙鍵的。「含有官能基」是指 OH 跟鏈上的一個碳原子相連，而氧原子只是

外接在主鏈上，不必算入主鏈。所以主鏈是四碳鏈。

在分子中沒有官能基的情況下，如果有雙鍵，我們以含有雙鍵的最長碳鏈為主鏈。如果沒有雙鍵，我們以含有參鍵的最長碳鏈為主鏈。

如果分子中既無官能基亦無雙鍵，也無參鍵，我們應當直接選擇最長的碳鏈為主鏈。

現在你應該了解，為何我們的命名是從官能基著手，往前推進，原因在於我們必須先知道分子中位階最高的官能基究竟是哪一個，才能選出正確的主鏈來。

練習 5.18 請命名下面這個化合物的主鏈。

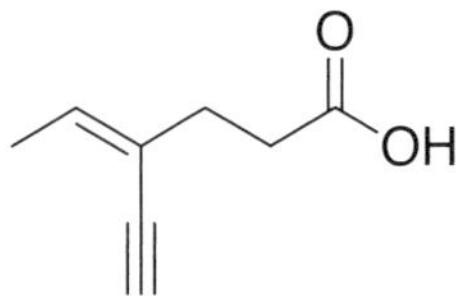

答　案 首先我們看看分子中有哪些官能基。結果發現只有一個羧酸基（COOH），所以我們知道主鏈必須含有羧酸基。其次我們找找看有無雙鍵，結果發現有一個，那麼主鏈也必須含有此雙鍵。於是答案如下圖。你注意到化合物中還有一個參鍵沒有包含在主鏈，因為官能基和雙鍵的位階均高過於參鍵，在無法兼顧的情況下，只有犧牲位階最低的參鍵。

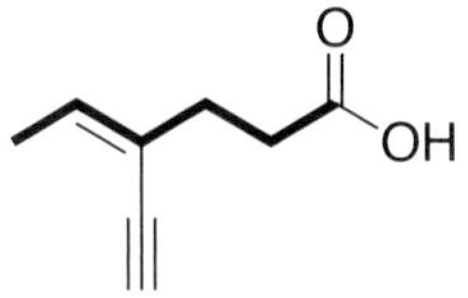

接下來我們來數數鏈上共有幾個碳原子，結果是六個（注意！我們

要把羧酸的碳原子也算進去），所以分子名稱的主體應該是「己」
（hex）。

習　題 請命名以下各題中化合物的主體。

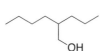

5.19

主體：_____

5.20

主體：_____

5.21

主體：_____

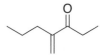

5.22

主體：_____

5.23

主體：_____

5.24

主體：_____

5.25

主體：_____

5.26

主體：_____

5.27

主體：_____

5.4　各種取代基的命名

立體異構現象	取代基	主體	不飽和狀態	官能基

　　一旦我們敲定了分子的官能基跟主鏈，其他所有跟主鏈連結的
部分都叫做取代基。在下面這個例子中，圈起來的基團都是取代
基，原因是它們不屬於主鏈：

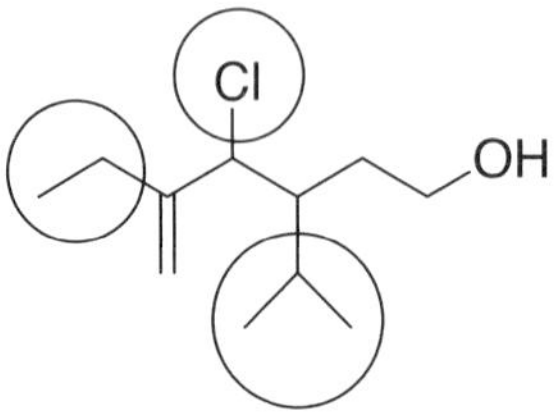

　　我們首先要學習如何命名烷（alkyl）取代基。這種基團的名稱跟主鍵命名方式相同，只是後面加上一個「基」（-yl），表示它是取代基：

取代基中碳原子數	取代基
1	甲基（methyl）
2	乙基（ethyl）
3	丙基（propyl）
4	丁基（butyl）
5	戊基（pentyl）
6	己基（hexyl）
7	庚基（heptyl）
8	辛基（octyl）
9	壬基（nonyl）
10	癸基（decyl）

甲基的表示法不一而足，下面三種都可以：

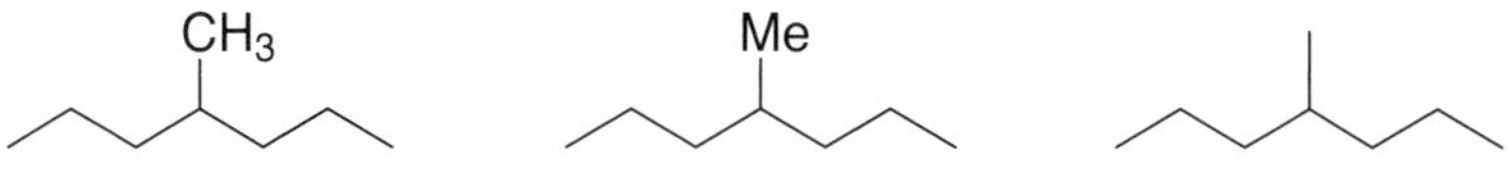

乙基也可以有以下三種不同的表示法：

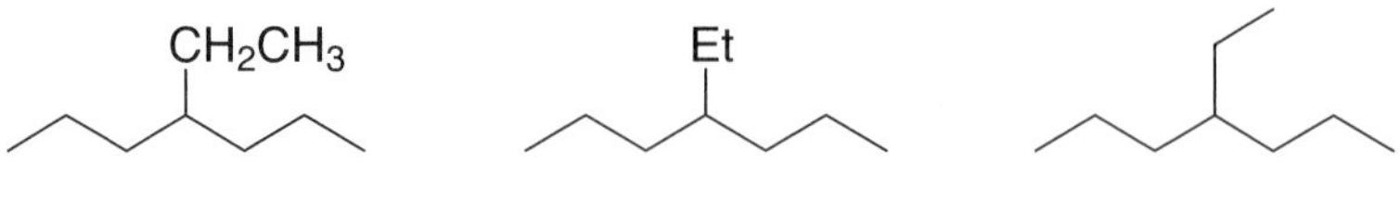

丙基通常不詳細畫出碳氫原子，偶爾你會看到有人在鍵一線圖用「Pr」（代表 propyl）來表示：

仔細看看上圖的丙基，你會發現它是由三個碳原子組成的短鏈，而由端點的碳原子與主鏈連結。但是如果跟主鏈連結的是中間的碳原子又會怎樣呢？那麼它就不應該叫做丙基：

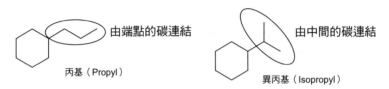

由端點的碳連結 丙基（Propyl）

由中間的碳連結 異丙基（Isopropyl）

它仍然是三碳鏈，只是與主鏈連結的碳原子所在的位置不同。為了表示與丙基有別，我們稱為異丙基。這是一個有分枝（branched）取代基的例子（分枝是指取代基不是直鏈）。

另一種重要的分枝取代基是三級丁基（*tert*-butyl）：

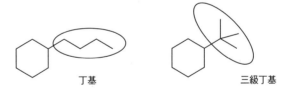

丁基

三級丁基

三級丁基跟丁基的碳原子數相同，都是由四個碳原子構成的，但是三級丁基不是直鏈形式，它的三個甲基連結到第四個碳原子上，而由這個碳原子連結到主鏈，這樣的結構我們稱為三級丁基。

由四個碳原子構成的取代基除了上述丁基和三級丁基之外，還有兩個不同的結構，讓我們在這兒賣個關子，請讀者自己去教科書裡面找找，看能不能發現它們的名字。

另一個重要類型的取代基是官能基。有些分子裡可能有不只一

個官能基，其中位階最高的官能基（記得以羧酸為首的六種官能基清單吧！）作為分子名稱的字尾，剩下的官能基得當成取代基在分子名稱裡交代清楚。取代基的 OH 不叫醇而稱為羥基（-hydroxy-），NH_2 稱為胺基（-amino-），酮仍然稱為酮（英文為 -keto-），醛仍然稱為醛（英文是 -aldo-）。知道了這四種官能基當取代基時的名稱，就足以應付你在這門課裡的所需了。

分子中的鹵素原子是以取代基的方式表達出來。它們的寫法分別是：氟（fluoro）、氯（chloro）、溴（bromo）以及碘（iodo）。重點是，分子的英文名稱在元素簡稱後再加上字母「o」，以表示它們為取代基。如果分子中有一個以上的同類取代基（譬如有五個氯原子），在取代基名稱前則須加上數字，與表示有多個雙鍵跟參鍵的方式一樣，數字的英文表示法如下：

di = 2   tri = 3   tetra = 4   penta = 5   hexa = 6

最後，每一個取代基之前還需要加上一個數字，以注明它在主鏈的位置。不過我們把此點略過，等我們把名稱的五個部分都介紹完畢後再討論，到時候我們還會講到名稱中各個不同取代基的排列次序。

練習 5.28 檢視下面這個化合物，列舉出所有應該是取代基的基團，並分別指出你認為適合的名稱。

答　案 首先我們必須找出分子中位階最高的官能基。這個分子中有兩個不同官能基，而醇類的位階高過胺類，所以 OH 基為優先官能基。其次我們要決定分子的主鏈。由於分子中既無雙鍵亦無參

鍵,所以我們選取包括 OH 團的最長碳鏈為主鏈:

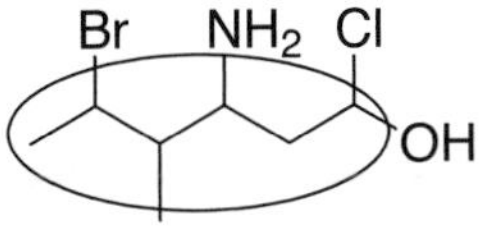

接下來逐一圈出各個取代基並指出它們的名稱:

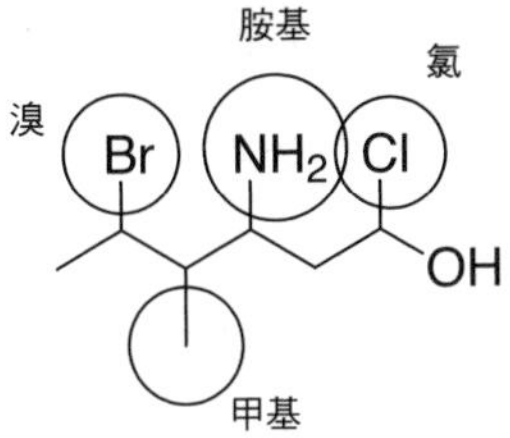

習 題 檢視以下各題中的化合物,逐一列舉出所有應該是取代基的基團,並分別指出它們的名稱。

5.29

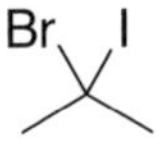

5.30

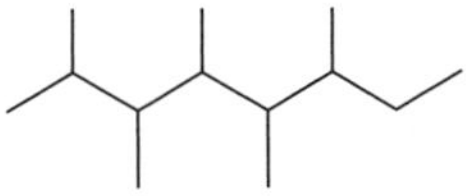

5.31

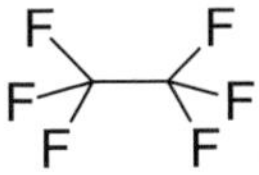

5.32

5.33

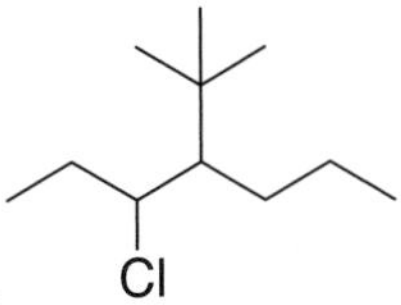

5.34

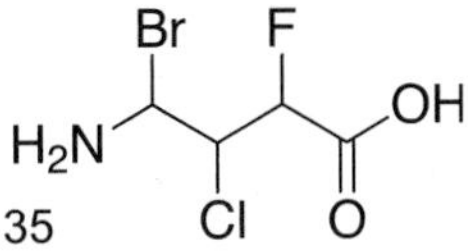

5.35

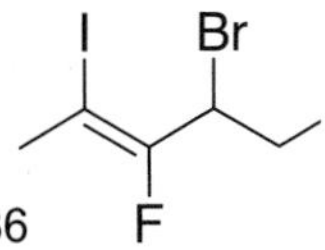

5.36

5.37   5.38

5.5 立體異構現象

| 立體異構現象 | 取代基 | 主體 | 不飽和狀態 | 官能基 |

立體異構現象是分子名稱的第一個部分,它確定了雙鍵或立體中心的組態(configuration)。如果分子沒有這兩種結構,你就無須煩惱這部分的命名。如果有這類結構,你就必須先懂得如何決定它們的組態,才能談命名。要搞清楚立體中心的組態並不簡單,需要用一整章的篇幅來說明,你需要知道什麼是立體中心,如何從分子中找出它們的位置,如何畫出來,以及如何決定組態(R 或 S)。這些議題我們將在本書的第 7 章中逐一解釋清楚,之後我們再回頭來仔細討論,分子名稱中的組態部分應該如何妥善安排。現在你只需要知道,組態是擺在分子名稱的最前面就成。

這兒我們討論的焦點是雙鍵,雙鍵通常有兩種不同的安排:

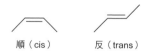

順(cis)   反(trans)

雙鍵跟單鍵大不相同,單鍵可以自由旋轉,雙鍵卻不行,雙鍵是由 p 軌域重疊形成的,**不能**自由旋轉(如果覺得對此說法有疑問,你應該去把教科書或課堂講義中有關雙鍵的結構複習一番),因此雙鍵兩端連結的原子,空間安排在上出現了兩種不同的方式:順(cis)和反(trans)。這兩種方式跟原子鏈結的順序無關,但在**三維空間**的連接方式互異。這就是為什麼它們彼此為**立體異構**

物（stereoisomer，此類同分異構物成員之間的差別，在於它們在空間中的排列方向不同。stereo- 就是「立體」之意）。

要命名一根雙鍵為順或反，有個先決條件，也就是分據於雙鍵**兩端**的基團必須是相同的。如果這對基團位在雙鍵的同一側，我們稱為順式，若是分別位於雙鍵的相對兩側，則稱為反式：

| 兩個甲基為反式 | 兩個氟原子為順式 | 兩個乙基為反式 | 兩個甲基為反式 |

這一對基團甚至可以是最簡單的氫原子。比方說：

H_3C —— F　　為反式，因為雙鍵兩端有兩個沒畫出來的氫原子，而它們不在雙鍵的同側：

但是如果沒有兩個相同的基團，你又該怎麼辦呢？譬如，

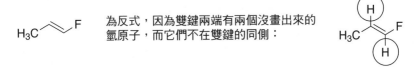

上面兩個化合物，彼此很顯然並不相同，但由於雙鍵的兩端並沒有任何一對相同的基團分據，我們無法用順／反命名法則來區分它們。換句話說，當跟雙鍵兩端連接的四個基團都不同時，我們必須用別的方法來命名。

另一種命名雙鍵的方式是與決定立體組態（R 對 S）的法則相似，所以我們目前暫時不談，等到下一章（討論 R 和 S 時）再一併討論這個命名雙鍵的方式。其實那個方式遠比順／反命名法好，因為它沒有任何限制，可以用來命名任何雙鍵。不像順／反命名法只有當有一對相同的基團分據雙鍵兩端時，才用得上。我們到現在還未放棄順／反命名法，是因為它長久以來廣為人用，建立起來的傳

統根深蒂固的關係。

不過在一種情況下，我們根本不必為雙鍵的順／反或異／同（E／Z）傷腦筋，那就是當雙鍵的一端連接著兩個**相同**的基團時，並不會有兩種不同的立體異構物。譬如，

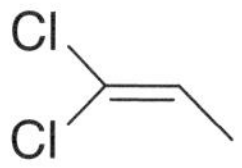

完全等同於

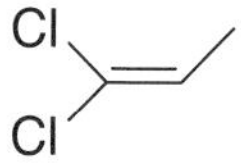

上面畫出的兩個化合物，在雙鍵的一端都連接兩個氯原子，它們代表的是同一個分子。為什麼呢？記得我們說過，雙鍵兩端的碳原子為 sp^2 混成狀態，是**平面**三角形結構。所以，把左邊的圖上下翻轉，就得到右圖。這兩個圖畫的是同一個分子。把這兩個化合物各畫在一張紙上，把其中一張紙翻面，並對著燈光，讓你能透過燈光由紙背看到分子圖，把這個分子圖跟另一張紙上的分子圖相比較，你會發現這兩張圖畫的是同一個分子。你可以試著用同樣的方法來看先前那些立體異構物，會發現即使其中一個分子翻轉後，跟另一個也不會相同。這個練習很有用，所以你應該多花幾分鐘來練習。

練習 5.39 請決定下面這根雙鍵是順式或是反式：

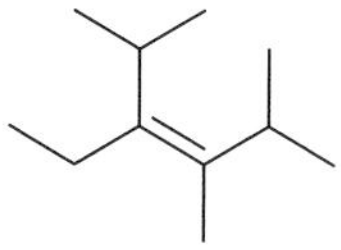

答案 首先把與雙鍵連接的四個基團圈起來，然後分別替它們命名：

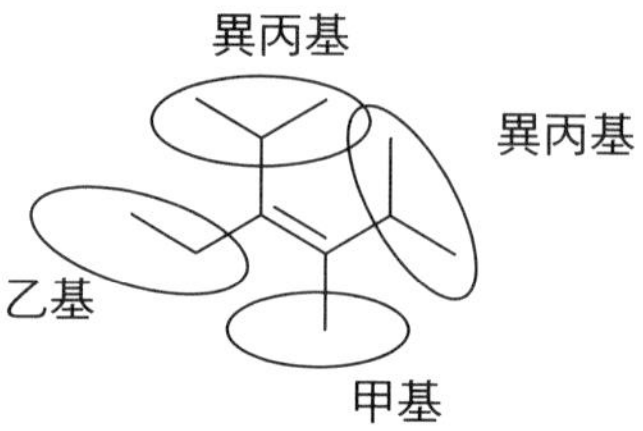

異丙基

異丙基

乙基

甲基

你應該每次都用這個步驟，來幫助你清楚看出是否有兩個相同基團分據雙鍵的兩端。雙鍵總會連接四個基團（即使它們有時只是氫原子）。在這個例子裡，我們看到有兩個異丙基分據雙鍵兩端，而它們的位置在同側，這個雙鍵為順式。

習 題 檢視以下的化合物，決定其中雙鍵是順式或反式。

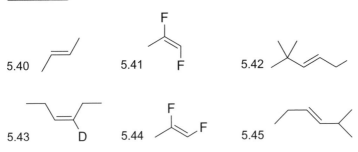

5.40   5.41   5.42

5.43   5.44   5.45

 **編號**

立體異構現象	取代基	主體	不飽和狀態	官能基

每一個部分都要編號

現在我們已經討論完組成名稱的五個不同部分，也差不多到了可以開始正式命名的階段，唯一還需要知道的是，如何表達出所有片段的位置。比方說，依照前面敘述的命名程序，逐一發現了主要官能基為 OH（所以中文名稱的最後一字為醇，英文名稱的字尾為 -ol），分子裡有一根雙鍵（中文名稱倒數第二字為烯，英文名稱的字尾前為 -en-），主鏈上共有六個碳原子（中文此處稱它為己，英文則是 hex），又主鏈上連接著四個甲基（中文稱此取代基為四甲基，英文則是 tetramethyl），最後還知道那根雙鍵的組態為順式（cis）。所以你知道名稱中的各個片段，剩下的問題是找出辦法，說明各個片

段在主鏈上的位置。譬如說，四個甲基各自分跟主鏈的哪個碳原子連接？等等諸如此類的問題。因此，編號系統應運而生。我們需要懂得如何用標明主鏈上各個碳原子的號碼，然後要知道如何把這些編號應用到各個片段的名稱上。

一旦選定了主鏈，編號只有兩個選擇：不是從左到右、就是從右到左。但是到底該由哪一端開始？首先我們得依照曾用在選擇主鏈的優先順序的規則，即：

官能基

雙鍵

參鍵

如果分子內有官能基，主鏈編號時要讓有官能基的碳原子得到較小的數字：

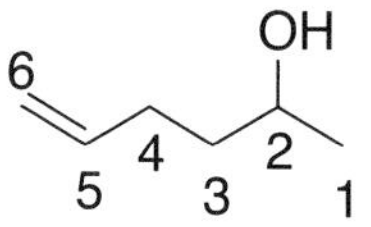

與 OH 連接的碳原子應為 2 而非 5

如果主鏈上沒有官能基但有雙鍵，那麼主鏈編號時要讓雙鍵得到較小的數字：

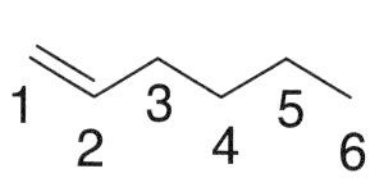

雙鍵上第一個碳原子為1而非5

如果主鏈沒有官能基也沒有雙鍵，但有參鍵，那麼主鏈編號時要讓參鍵得到較小的數字：

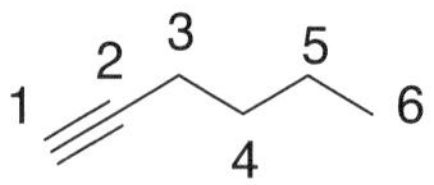

參鍵的第一個碳原子為 1 而非 5

如果主鏈上沒有官能基、雙鍵或參鍵，那麼主鏈編號時要取代基所在的碳原子得到較小的數字：

與Cl連接的碳原子為3而非4

如果主鏈上的取代基不只一個，那麼主鏈編號時要讓取代基都得到較小的數字：

3,3,4-三氯（3,3,4-trichloro）而非
3,4,4-三氯（3,4,4-trichloro）

練習 5.46 檢視下面這個化合物，請選出主鏈並正確為主鏈上的碳原子編號：

答　案 記得吧！選擇主鏈的第一優先是包含官能基的最長碳鏈：

主鏈碳原子編號時要讓有官能基的碳得到較小的數字：

習　題 檢視次頁化合物，選出主鏈並正確為主鏈的碳原子編號。

5.47 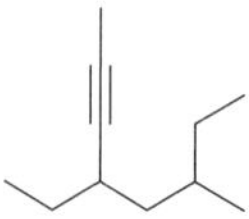   5.48 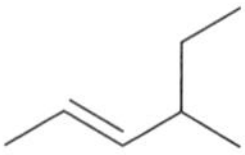   5.49

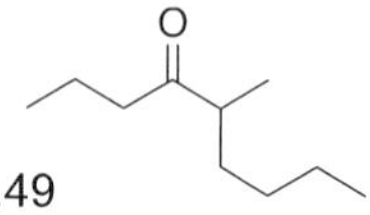

5.50 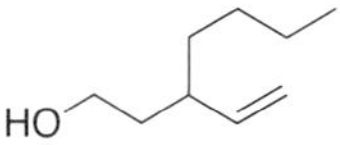   5.51    5.52

5.53 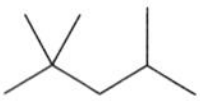   5.54 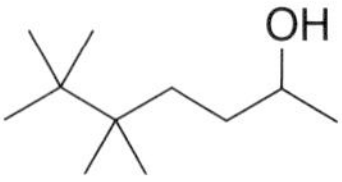   5.55

現在我們懂得了如何為主鏈的碳原子編號，接下來我們需要了解如何把這些數字應用到名稱的各個不同部分。

官能基： 數字通常應該擺在中英文名稱的字尾前（例如己 -2- 醇，英文則為 hexan-2-ol）。如果官能基出現在 1 號碳上，在名稱就不用寫出來（例如中文稱為己醇，英文也只叫它 hexanol）。換句話說，如果官能基前面沒有數字，我們認定它的位置就在 1 號碳上。不過在沒有其他阿拉伯數字（用以標示取代基、雙鍵等的位置）的情況下，我們也可以把官能基的數字放在名稱的最前面，例如己 -2- 醇（hexan-2-ol）也可稱為 2- 己醇（2-hexanol）。

不飽和狀態： 對於牽涉到兩個碳原子的雙鍵跟參鍵時，只需標示出較小的碳原子編號。例如，

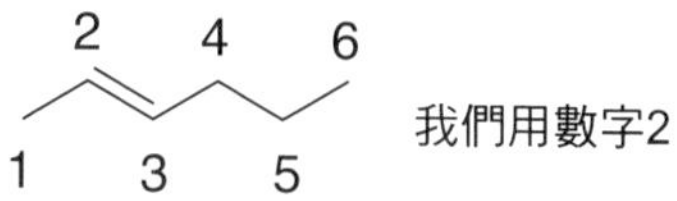

我們用數字2

上例中的雙鍵是在 C2 和 C3 之間，照規定我們用 C2 去標示雙鍵的位置，所以上例為「己 -2- 烯」（hex-2-ene），或是叫「2- 己烯」（2-hexene），這是由於沒有其他數字攪局，因此雙鍵的數字可以移到名稱的最前面。參鍵命名的方式也相同。

　　如果分子中有兩根雙鍵，我們必須把兩個的位置都標示出來。譬如己 -2,4- 二烯（hexa-2,4-diene），也可以稱為 2,4- 己二烯（2,4-hexadiene）。總之，每一根雙鍵跟參鍵都必須有數字標示出位置。

　　取代基：取代基名稱需緊跟在數字之後。例如：

2-氯己烷（**2-chloro**hexane）　　　　3-甲基戊烷（**3-methyl**pentane）

這個規定不因分子有無雙鍵、參鍵或官能基而不同：

2-氯己-2-醇（**2-chloro**hexan-2-ol）　　2-氯己-3-烯-2-醇（**2-chloro**hex-3-en-2-ol）

如果分子中的取代基不只一個，那麼每一個取代基都必須標示編號：

Cl

2,3-二氯己烷（**2,3-dichloro**hexane）　　2,2,4-三甲基戊烷（**2,2,4-trimethyl**pentane）

Cl

如果取代基不只一個類型，那麼名稱中的各類型取代基排列順序不可隨便，必須按照英文字母的次序排列。請看下面這個例子：

Cl　F　F　CH₃

這個分子有四類取代基，分別是氯（chloro）、氟（fluoro）、乙基（ethyl）和甲基（methyl）。按照英文字母次序，順序為 c、e、f、m（記住！取代基名稱前有時需要加上的 di、tri、tetra 等等，在排字母順序時不列入考慮），所以上面這個分子叫做

2- 氯 -3- 乙基 -2,4- 二氟 -4- 甲基壬烷

（2-chloro-3-ethyl-2,4-difluoro-4-methylnonane）

請注意！在分子名稱中，數字之間須以逗點隔開，數字跟字母之間則以一短橫作間隔。

立體異構現象： 如果分子裡有一根雙鍵，而且有一對相同的基團分據於雙鍵的兩端，我們就把順（cis）或反（trans）這種名詞寫在名稱的最前面。如果分子裡有不只一根雙鍵，那麼我們不僅要在每根雙鍵之前標出順或反，也要標示出雙鍵所在的位置（例如：中文名稱為 2- 順 -4- 反某某物，英文則是 2-cis-4-trans......）。如果分子有立體中心，我們也需要在名稱的最前面標示出來，例如（2R,4S）。請注意！立體中心的訊息要放在括弧裡。下一章我們將專門討論立體中心，到時你會學到更多的相關細節。

好啦！你瞧瞧，有這麼一大堆命名規則，難怪從沒人說過能在十分鐘內把有機化合物的命名搞通。但是只要有足夠的練習，要把它學好並不困難。現在讓我們把在本章裡所學到的規則，都應用到解題上：

練習 5.56 請替下面這個化合物命名：

答案 依照標準程序先從官能基著手，逐一決定出名稱的五個部分來。首先我們從官能基上看出它是一種酮，所以我們知道它的字尾是酮（-one）。

其次我們看不飽和情形，發現有一根雙鍵，所以我們知道它的中文名稱有個烯字（-en-）。

接下來需要指定主體。我們找出包括了官能基和雙鍵的最長碳鏈。這個例子的主鏈很明顯，選起來很容易。主體共有七個碳原子，所以化合物主體名稱是庚（-hept-）。

下一步得尋找取代基。我們發現它有兩個甲基（methyl）和兩個氯原子（chlorine）。由於字母表上 c 在 m 之前，所以依序須先指出氯然後才指出甲基，也就是二氯二甲基（dichlorodimethyl）。

再下一步是尋找有無立體異構現象。我們看到化合物有一根雙鍵，雙鍵兩端各有一個氯原子，位在雙鍵對側，故組態為反式（trans）。英文的 *trans* 通常用斜體。至此，化合物名稱為：

反 - 二氯二甲基庚烯酮（*trans*-dichlorodimethylheptenone）

問題是這個名稱並沒有告訴我們，各片段在分子中的確切位置，我們還得按照規定，找出分子的主鏈，為主鏈的碳原子編號。在這個例子中，主鏈的碳原子應該從左向右編號。因此，官能基的位置在碳 2、雙鍵的位置在碳 4、兩個氯原子的位置各在碳 4 跟碳 5、兩個甲基的位置都在碳 6。所以分子的全名是：

反 -4,5- 二氯 -6,6- 二甲基庚 -4- 烯 -2- 酮

（*trans*-4,5-dichloro-6,6-dimethylhept-4-en-2-one）

習題 請替次頁化合物命名。（先不要管分子的立體中心，這個問題等到下一章再作處理。）

5.57

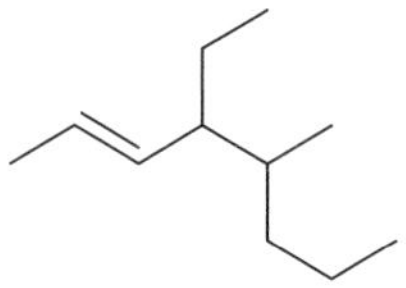

名稱：_____

5.58

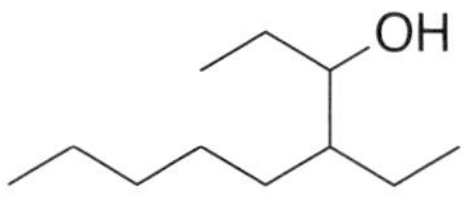

名稱：_____

5.59

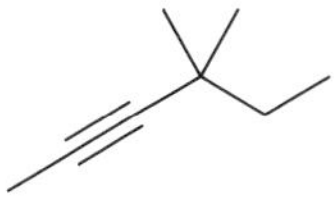

名稱：_____

5.60

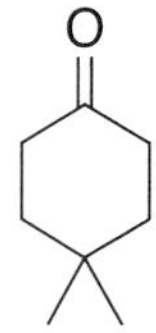

名稱：_____

5.61

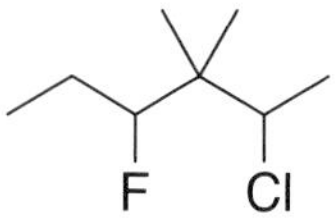

名稱：_____

5.62

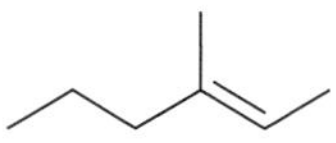

名稱：_____

5.63

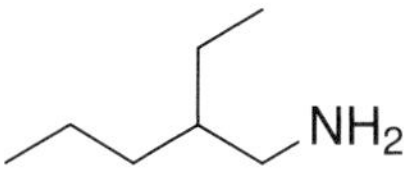

名稱：_____

5.64

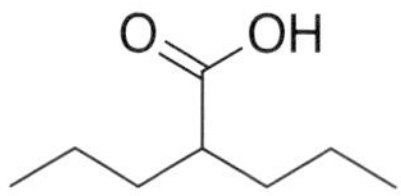

名稱：_____

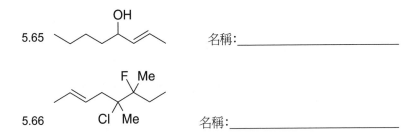

5.65　　　　　　　　　　　　名稱：＿＿＿＿＿＿＿＿＿＿＿＿

5.66　　　　　　　　　　　　名稱：＿＿＿＿＿＿＿＿＿＿＿＿

 5.7 俗名

　　化合物除了以有系統的命名規則的命名之外，有些簡單而常見
的有機化合物，依然以俗名為人所知。你應該記住多少俗名呢？這
得看你教課老師選用哪一本教科書，原則上只要是教科書用到的俗
名，你都得知道。下面是一些例子：

IUPAC名稱：methanoic acid（甲酸）
俗名：formic acid（蟻酸）

IUPAC名稱：ethanoic acid（乙酸）
俗名：acetic acid（醋酸）

IUPAC名稱：methanal（甲醛）
俗名：formaldehyde

IUPAC名稱：ethanal（乙醛）
俗名：acetaldehyde

IUPAC名稱：ethene（乙烯）
俗名：ethylene

IUPAC名稱：ethyne（乙炔）
俗名：acetylene

　　以上這幾個俗名用得極其普遍，普遍到你難得聽到人用 IUPAC 名稱稱呼它們。

　　另一個典型的例子是，大家習慣用俗名稱呼醚類（ether），把醚分子中氧原子兩邊的原子以取代基的方式命名，然後放在「醚」這個字之前。譬如：

二乙醚（diethyl ether）　　　　　　　　二甲醚（dimethyl ether）
也簡稱乙醚（ethyl ether）

IUPAC 命名法規定把醚分子中的氧原子當作是主鏈上的一員，在主鏈名稱之前，加上該氧原子的編號跟「氧」（oxa-）這個字樣。譬如依照 IUPAC 的命名法，上面左邊的乙醚應該稱為 3- 氧戊烷（3-oxapentane），但大家還是叫它二乙醚（diethyl ether）也簡稱乙醚（ethyl ether）。總而言之，熟悉課本上會出現的化合物俗名，也是很重要的。

5.8 看名字畫分子

　　一旦做完本章的習題後，你將發現依照化合物的 IUPAC 名稱，去畫出分子結構來，要比依照 IUPAC 規則為分子命名容易得多。原因如下：當你在看著化合物結構命名時，你必須斟酌一連串的問題、下許多決定（例如哪一個官能基的位階比較高、分子的主鏈是哪一條、主鏈的碳原子的該怎麼編號、取代基的先後順序為何等等）。但是當你根據 IUPAC 名稱去畫結構時，完全不用考慮任何問題，只要直接畫出主鏈、標上數字，然後開始把名稱中其他部分一一加到主鏈的正確位置上，就大功告成啦。

　　為了達到練習的目的，你可以把習題 5.57 ～ 5.66 的答案列成一張清單。這張清單上只有化合物的 IUPAC 名稱，等過幾天你不再清楚記得它們的分子結構時，再把這張清單拿出來，用它當做題目，依據這些名稱畫分子結構。你還可以從教科書中找些更多題目來練習。

　　有了本章給你打下的基礎，我相信在我說出例如 2- 己醇時，你能明確地知道我的意思。這也是你的教科書計畫要達到的目的，現在你已經掌握有機化合物的命名訣竅了。

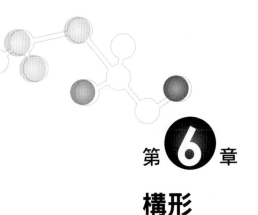

第 **6** 章

構形

　　分子不是像岩石那樣完全固定不動的東西，它們像人體一樣，能扭轉和彎曲成種種不同的形狀。我們有四肢及關節（手肘、膝蓋等等）讓身體能靈活轉動，雖然我們的骨頭也許非常堅硬不易彎曲，但由於關節能進行種種扭轉動作，使我們能做大幅度的運動。分子的情形也是如此，一旦你知道分子的各種關節以及這些關節可扭轉的最大幅度，就可以預期分子可以做到何種程度的扭轉。說到這兒你也許覺得奇怪，這很重要嗎？

　　讓我們仍舊以人體來類比。想想你的身體在一天之中轉換了多少不同的姿勢？有時候坐著、有時站著，你可以斜靠著某樣東西，也可以整個人躺下來，甚至於偶爾頭下腳上倒立等等。這些姿勢裡有的讓你覺得很舒適（例如躺下來），有的讓你覺得非常難過（例如倒立）。有些日常的活動，例如喝水，只能在某些姿勢時才可行。平躺或倒立時，用水杯喝水會很困難。

　　分子在這方面跟身體很相似。分子裡有些部分跟身體的關節一樣，也可以扭轉跟彎曲，它們在不同時間點也會形成許多不同的姿

勢。其中有的很舒適（能量低）、有的很不舒適（能量高）。這些由同一個分子所擺出來的種種不同姿勢稱為**構形**（conformation）。

　　能夠預期分子所能擺出來的不同構形，對於了解有機化學很重要，原因是分子的某些活動，僅在它擺出某些特殊姿勢時才能進行，就像人在倒立時無法用杯子喝水一樣。也好像是如果想跑步，你得先站起來。同樣地，分子只能在某種特殊構形下，才能進行某些化學反應。不論是什麼原因，如果分子無法扭轉成必要的構形，那麼反應就不可能發生。所以你能了解，為何你要能夠預期，分子能不能擺得出某種特殊構形，因為這樣你才能判斷某種反應是否會發生。

　　有兩種非常重要的構形畫法，能幫助我們增進預測分子構形的能力，它們是**紐曼投影式**（Newman projection）及**椅式構形**（chair conformation）：

紐曼投影式　　　　　　　　　　椅式

我們先從紐曼投影式說起。

 6.1 如何畫紐曼投影式

　　在畫紐曼投影式之前，我們需要先複習一下畫鍵—線圖時常會用到的「**楔形鍵與虛線鍵**」（wedges and dashes）畫法，這個畫法在第 1 章講鍵—線圖時並未提到。它的目的是要說明取代基在三維空間中的相對位置：

前頁的鍵一線圖裡，顯示連接氟原子的是楔形鍵，連接氯原子的是虛線鍵。楔形鍵的意思是在三維空間中，氟原子朝向我們而來，而虛線鍵表示氯原子背離我們而去。如果分子的四個碳原子都在這張紙所構成的平面上，你從紙的左邊向右方看過去（此時這頁紙在你眼中變成一根直線），你會看到氟原子由紙面上向右伸了出來，氯原子則從紙的左邊伸出來。

在畫楔形鍵與虛線鍵鍵圖時，不要被這兩根鍵的左右位置給弄糊塗：

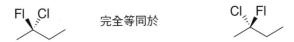

上面這兩個圖中，雖然左圖的氟原子畫在氯原子的左邊，而右圖的氟原子畫在氯原子的右邊，但是兩者連接氯原子的鍵都是虛線鍵，連接氟原子的都是楔形鍵，所以這兩個圖其實相同。氟原子伸出紙面往我們的方向而來，氯原子往紙面之後突出，如果我們依照實情去畫，就看不見紙面後的氯原子，因為它會遭氟原子擋住（就像日食時太陽遭月亮擋住一樣）。為了能看清楚它們兩個，我們只好變通一點，把其中一個稍微向左移，另一個則向右移一點，彼此錯開。至於誰左誰右並無關緊要，重要的是看誰接在楔形鍵上，誰接在虛線鍵上。

現在我們懂得了楔形鍵與虛線鍵的意義。接下來讓我們換一個角度去看這個分子：

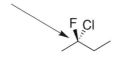

想像從上圖箭頭所指的方向觀察這個分子。如果你不能確定我們講的是怎樣的角度，就照下面的方法做：把這本書往下移，讓它對著你的肚子而不是對著你的臉，然後翻動書頁好讓目光跟圖中的箭頭

方向一致。這時你看到的是一根碳—碳鍵,而兩個碳原子一前一後排成一線:

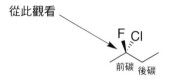

從這個角度,你還會看到跟前碳相連接的三個取代基,你應該看到一個氟原子從書頁的右邊伸出來,一個氯原子從書頁的左邊伸出去,並且還看到一個甲基垂直下伸。下圖就是你看到的大概情況:

Cl F
前碳

Me

你會看到向上圖所示的三個取代基,但後碳因為被前碳遮住了(正如日食時太陽被月亮擋住一樣),你是看不見的。但我們試著把後碳畫出來。經過大家協議同意,把它畫成一個大圓圈:

後碳
Cl F

Me

如此一來,我們可以把另三個跟後碳連接的基團畫上去,在這裡要畫上去的是一個甲基跟兩個氫原子,畫出來的就是所謂的紐曼投影式:

Me
Cl F
H H
Me

能看懂上圖很重要，因為如果你做不到這一點，我們就沒法繼續討論下去啦！在圖中，我們主要看一根碳—碳單鍵，而且重點在前後兩個碳原子上各自連接的三個基團。紐曼投影式的中點（就是跟 Cl、F 及 Me 連接線交會的點）代表前面第一個碳原子，後面的大圓圈代表後碳，你可以同時看到全部六個基團（前碳的三個和後碳的三個）。所以紐曼投影式是表達本節開始所舉化合物例子的另一種方法：

讓我們用另一個類比來讓自己進一步了解紐曼投影式。試想你面對著一台有三個葉片的電風扇，在這台風扇後面，還有一台同樣有三個葉片的電風扇，所以你一共看到六個葉片。如果這兩台電風扇的葉片都正在旋轉，而你開始對著它們拍照，你會發現有些相片可以清楚看到全部的六個葉片，另一些相片卻只看得見三個葉片，原因是當時前面的三個葉片剛好把後面的三個葉片擋住啦！

這個類比幫助我們了解紐曼投影式的用途。連接兩個碳原子的鍵是一根單鍵，單鍵可以自由轉動，有時候你看到所有六個基團，這是由於它們彼此交錯，有時候你看不到後碳上的基團，這是由於它們剛好與前碳上的基團重疊了：

交錯式（staggered）　　　　　　　　　重疊式（eclipsed）

　　我們可以把前碳和它上面的三個基團想像成一台電風扇，而後碳及其三個基團是另一台電風扇，這兩台風扇可以獨立轉動，因而造成了許多不同的構形。這就是為何紐曼投影式在說明構形時極有力，特別是在表達單鍵轉動形成的各種不同構形時。

　　每個分子中的每一根單鍵都能自由轉動，使情況變得相當複雜，因為這樣一來構形數目會多到讓人眼花撩亂。不過我們可以避免這種複雜情況，辦法是一次只考慮某一根特殊單鍵，和這根單鍵自由旋轉造成的各種不同構形。如果我們學會了這個方法，我們可以把它應用在分子中即將發生反應的部分，就不須為分子其他部分傷神了。

練習 6.1 畫出照箭頭指示方向觀看化合物時，它的紐曼投影式：

答　案 首先我們注意到，這個化合物沒用楔形鍵與虛線鍵畫出相連的氫原子。在第 1 章中，我們並沒有討論楔形鍵與虛線鍵，但是兩個氫原子的確是以楔形鍵與虛線鍵連接的。又從討論分子幾何學的第 4 章得知，這兩個碳原子為 sp^3 混成，因而是正四面體結構。意思是說這兩個碳原子上的兩個氫原子，一個氫從書頁上伸出來，另一個氫從書頁背面伸出去：

現在我們來畫前碳和它上面的三個取代基。順著圖上箭頭所指定的方向，我們看到一個氫伸向右上方、另一個氫伸向左上方、以及一個甲基伸向該碳原子的垂直下方。畫出來如次頁：

接著我們畫一個大圓圈代表後碳,又從我們觀看的角度看到後碳上有
三個基團,包含有一個垂直向上的甲基,以及兩個各自向左下方與右
下方伸出的氫原子。統統畫完了,就得到這個分子的紐曼投影式了:

智 題 請檢視以下各化合物,然後在已經畫妥的紐曼投影式骨
架上,一一填上該化合物的六個基團。

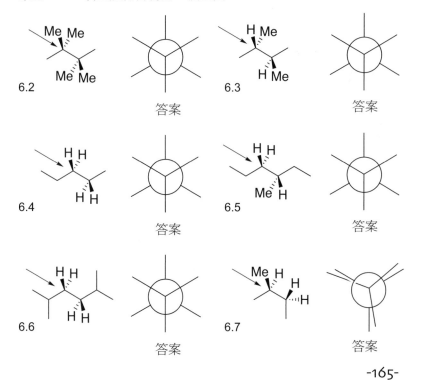

-165-

6.2 各種紐曼投影式的穩定性排行

　　我們已經看到，紐曼投影式是顯示分子不同構形的有力方式。稍早我們曾提到所謂的「交錯式」構形和「重疊式」構形。其實這個分子（丁烷）共有三個交錯式構形、三個重疊式構形。現在讓我們把丁烷的三個交錯式構形全畫出來。最好的畫法是維持後碳不動（也就是不讓後面那台電風扇轉動），僅緩慢轉動前碳（只讓前面這台電風扇轉動）：

| 反式（anti） | 間扭式（gauche） | 間扭式（gauche） |

　　由上面左圖我們注意到，前碳上的甲基位於該碳的下方。如果我們把前碳及其上的三個基團，一起朝順時鐘方向轉 120 度，會如上面中圖所示。然後如果把它繼續再轉動 120 度，就會得到上面的右圖。但若再轉一次，它就又回復到了左圖。在左圖裡，前碳上的甲基跟後碳上的甲基離得最遠，使得它成為最穩定的構形，稱為**反式**（anti）構形。另外兩圖中的前後兩個甲基彼此都距離得很近，它們彼此感覺得到對方，比較擁擠，因而都稱為**間扭式**（gauche）構形，也正因為如此，這兩個間扭式構形的穩定性比反式構形差了一點。

　　如果回到人體的類比，我們可以說反式構形有如人躺在床上，而兩個間扭式構形則像是人坐在椅子上，三個都是很舒適的姿勢，只是躺著是最舒服的姿勢，所以反式構形最穩定。

接下來我們把丁烷的三個重疊式構形也全畫出來。同樣地，我們維持後碳原子不動，只轉動前碳和其上的三個基團：

Me H · Me Me · H Me
H H H H H Me
Me H H H H

跟前述的三個交錯式構形比較起來，這三個重疊式構形的能量都較高，原因是前後碳上的取代基彼此重疊，所以非常擁擠，這三個構形都像是人在倒立，姿勢極不舒適。中間那個情況最糟糕，它的前後兩個甲基（最大的取代基）彼此重疊，整體有如倒立時只用腦袋頂在地面上，完全沒有用雙手從旁幫忙支撐，可以想見倒立者必然覺得很頭痛。這三個構形的能量都很高，但中間那個最不穩定。

綜合以上分析的結果，最穩定的是前後碳上的大基團彼此離得最遠的交錯式構形（即反式構形），而最不穩定的是前後碳上大基團彼此對齊的重疊式構形。

練習 6.8 請用順著箭頭觀看到的紐曼投影式，把下面這個化合物的最穩定和最不穩定構形畫出來：

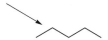

答 案 首先我們按照題目的指示，畫出化合物的紐曼投影式。這個投影式的前碳連接一個甲基和兩個氫原子，後碳上連接一個乙基和兩個氫原子：

Et
H H
H H
Me

現在我們來看，如何轉動前碳來得到最穩定的構形。最穩定的構形是前後碳上的最大基團彼此離得最遙遠的交錯式構形。在這裡，我們發現由於上圖中甲基和乙基互相遠離，這就是最穩定的構形，根本不用轉動：

要找出最不穩定構形，就要轉動前碳，讓三個基團彼此重疊，最不穩定的構形，就是甲基和乙基相互重疊的那個構形：

習題 請用順著箭頭觀看到的紐曼投影式，把以下化合物的最穩定和最不穩定構形畫出來。

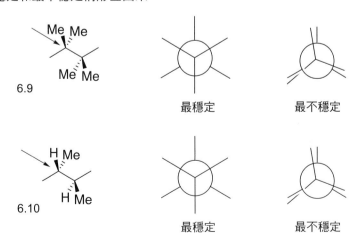

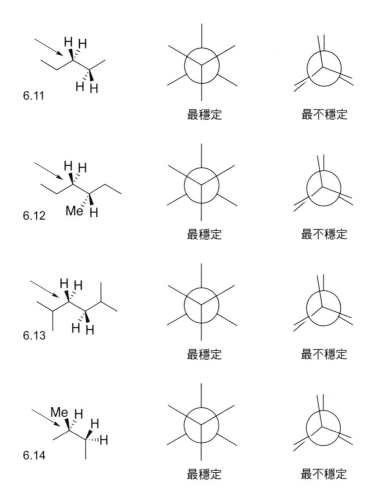

6.11　　　　　　最穩定　　　　　　最不穩定

6.12　　　　　　最穩定　　　　　　最不穩定

6.13　　　　　　最穩定　　　　　　最不穩定

6.14　　　　　　最穩定　　　　　　最不穩定

6.3 畫椅式構形

　　在考慮六碳環（環己烷）時，一個有趣的構形分析出現在我們面前。事實上你可以從教科書中看到，此化合物可以具有許多不同的構形：有所謂**椅式**（chair）、**船式**（boat）、**扭船式**（twist-boat）等，而

環己烷的最穩定構形（能量最低）為椅式。我們稱它為椅式是它畫
出來後，看起來就像一把椅子：

你幾乎可以想像有人把這個結構當海灘椅，坐在上面。不過大部分
學生在開始時，很難把椅式跟它上面的取代基正確畫出來，因此本
節的討論重點將是學習正確地畫椅式。這一步非常重要，因為如果
不會畫椅式，就無法進一步討論椅式。

　　你要一步步練習下列的步驟。首先畫一個**非常扁平**的英文字母
V：

其次，從 V 的右上端朝左下以約 60 度夾角畫一條短斜線，讓它停
在從 V 字中央往下畫的想像垂直線的右方不遠處：

再其次，畫一條跟 V 字左邊平行的短線。它應該停在從 V 字左上角
往下畫的想像垂直線之右不遠處：

接下來，從 V 字左上端畫一條跟右邊斜線平行的短線。它應該停在
跟平行的斜線一樣低的位置：

最後，把缺口連接起來：

千萬拜託**不要**把椅式畫成下面這個樣子：

如果你把椅式畫得歪七扭八（像許多學生畫的那樣），你會無法把取代基正確地畫上去，因此在考試時會糊里糊塗被扣分。所以，你必須花些功夫好好練習，把椅式畫得四平八穩、無懈可擊。拿張紙練習一下或在下方的空白處練習！

畫椅式沒問題之後，就可以把取代基畫上去。首先，在椅子的右上角上畫一根垂直向上的線：

然後沿著這個環，在每一個碳原子上畫一根垂直短線，向上向下相間：

這六個垂直向上或向下的取代基稱為**軸**（axial）取代基，它們方向為直上或直下，次序如上圖所示。

其次我們需要知道如何畫**赤道**（equatorial）取代基。它們是向環的四周伸出去的取代基。同樣也有六個，每一根鍵都跟環上的兩根鍵平行，而這兩根鍵與取代基相隔一根鍵：

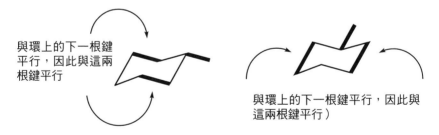

與環上的下一根鍵平行，因此與這兩根鍵平行

與環上的下一根鍵平行，因此與這兩根鍵平行）

我們依規則畫完整個環，得到的所有赤道取代基如下：

現在我們知道如何正確畫出六碳環上的全部十二個取代基。但是你必須記得，依據鍵─線圖的規定，如果我們畫了一根短線，它

表示的是一個甲基。所以除非我們所要表示的，的確是十二甲基環己烷（dodecamethylcyclohexane），我們最好在這些短線的末端注明取代基究竟是什麼。在這裡我們畫的是環己烷，那麼應該在每根短線的末端上畫一個氫原子：

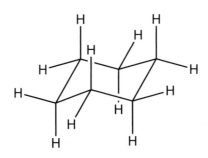

不過你也應該記得，根據鍵一線圖的規定，短線末端接的若是氫原子，通常線跟氫都不用畫出來。之所以要練習畫上圖，是要你熟悉環上十二個取代基的正確位置。在下一節的大部分習題裡，你都需要畫出環上少許幾個取代基，至於要畫哪幾個，每次都要求都不同。要能有把握正確回應所有的問題，唯一的辦法就是搞清楚所有取代基的畫法。**千萬不要**把取代基畫得像下圖：

這樣非常糟糕

考試時如果畫出這樣的圖，一定會被扣分（其實更嚴重的後果是，這個圖徹底喪失畫椅式的目的——因為取代基的確切位置非常重要）。

　　用空白的紙練習畫椅式，以及它上面的十二個軸和赤道取代基。畫完時，請標示出每一個取代基是軸或是赤道。在你沒有把它們弄得滾瓜爛熟之前，不要進入下一節。

6.4 在椅式上放取代基

現在我們來看看，如果有人給我們常見的正六角形分子圖，我們該如何把它改畫成椅式：

完全等同於

在動手之前，我們需要搞清楚，正六角形式圖上的虛線鍵跟楔形鍵表示什麼意思。記住，楔形鍵表示它朝著你伸出來，虛線鍵則是離你而去。所以環上的六個碳原子各有兩個取代基──其中一個朝你伸出，另一個離你而去。如果碳上的兩個取代基沒有畫出來，意思是該處是兩個氫原子，同樣是一個向你伸出，一個離你而去。

現在讓我們引用一些新名詞，它們並非科學的專有名詞，教科書上也找不到，但它們可幫你釐清當前的問題：環上楔形鍵接的東西，我們稱為它「朝上」，因為這個取代基在環的上方。虛線鍵上的取代基，稱為「朝下」，因為它在環的下方。在上面的例子裡，Br 朝上 Cl 朝下。

現在讓我們把這一對新名詞用到椅式上的所有取代基上，每一個碳原子上有兩個取代基，一個因為指向環的上方而為朝上，另一個因為指向環的下方而為朝下：

你可以繼續把其他碳上的取代基，逐一標明為朝上或朝下。你會發現，每個碳原子上的兩個取代基，的確是一個朝上、一個朝下。重要的是你得了解，朝上／朝下，跟軸／赤道毫不相干。以上圖為例，其中一個碳原子上的「朝上」取代基為軸型，但另一個碳原子的「朝上」取代基是赤道型。同樣地，仔細看那兩個標示出的赤道型取代基，你發現它們一個朝上、一個朝下。

有了以上討論後，我們總算一切就緒，可以開始把正六角形式分子改畫成椅式啦。讓我們重新回到本節一開始的那個例子：

首先我們替環上各碳標上不同數字，這跟分子命名學裡標的數字是兩碼子事，這裡的數字只是幫助我們在椅式六碳環上，把各取代基畫在正確位置上，你可以把任何一個碳原子當作 1 號，數數的方向也不拘。所以我們就隨便選定正六角形式分子圖上最上方的碳原子為 1，然後順時鐘方向數數而標示如下：

其次我們畫出一個椅式，並且把數字標示在各個碳上。同樣地，1 放在哪兒都可以，但是注意數數的方向一**定**要跟上圖相同，如果剛剛是順時鐘，現在就得順時鐘數下去。為了避免錯誤，我們就此決定以後都以順時鐘方向為準：

現在我們可以對號入座，在椅式上畫出取代基。Br 在 1 號碳上，Cl 在 3 號碳上。但是每個碳原子上都有兩個可能位置，它們各自落在哪個位置上呢？這時候朝上 朝下系統就可以發揮作用了。我們在椅式的 1 號碳和 3 號碳上面，把兩個位置（朝上及朝下）都畫出來：

我們回頭再去看那正六角形式的分子圖，看它環上的兩個取代基是朝上或朝下？我們看到 Br 是接在楔形鍵上，所以它為朝上，Cl 接在虛線鍵上，應該朝下。於是，我們就可以把它們擺在正確的位置上：

你瞧，只要依照標準步驟按部就班做下來，就不會搞錯！再複習一次：首先畫出椅式，在椅式和正六角形式的六個碳上標以數字（都是順時鐘方向），決定環上取代基各在幾號碳原子上，決定它們各為朝上或朝下，最後把各取代基畫在椅式的正確位置上。現在讓我們實地練習一番。

練習 6.15 請畫出下面這個化合物的椅式構形：

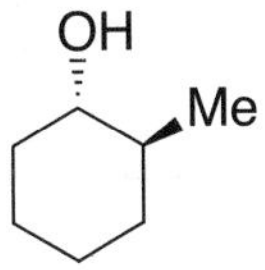

答 案 首先在正六角形式碳環標上數字，以第一個連接取代基的碳為 1 號，之後依順時鐘方向標示數字。所以 OH 在 1 號碳上，而 Me 則是在 2 號碳上：

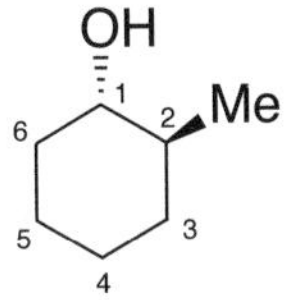

其次畫出椅式，也以順時鐘方向標上數字，且在 1 號碳跟 2 號碳上各畫出朝上跟朝下的位置：

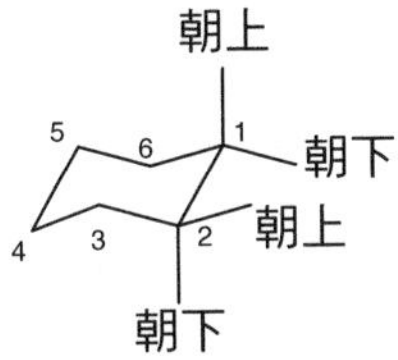

最後把取代基畫在椅式上。OH 是在 1 號碳的朝下位置（因為在正六角形式上連接它的是虛線鍵），Me 是在 2 號碳的朝上位置（因為連接它的是楔形鍵）：

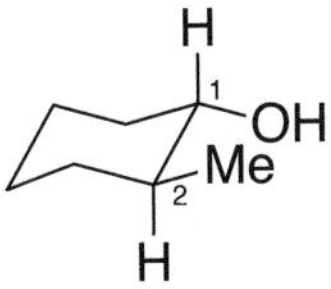

　　這個例子說出了一個重點。仔細看正六角形分子圖上的 OH 和 Me，它們一個在虛線鍵上、一個在楔形鍵上，我們稱這個關係為**反**（*trans*，指兩個取代基分別在環面的上下兩邊）。如果這兩個取代基在環面的同一邊（都在虛線鍵上或都在楔形鍵上），我們稱為**順**（*cis*）。所以上例中的兩個取代基互為 *trans*，不過你仔細看上圖，會覺得它們的相對位置不像是 *trans*，倒比較像 *cis*，**但它們的確是 *trans***，因為 Me 朝上，OH 朝下。

　　在下一節我們將學到椅式的翻轉（flipping），把椅式翻轉成另一個新的椅式，你會更能看得出椅式上相鄰兩個取代基互為 *trans* 跟互為 *cis* 之間的差別。不過現在讓我們先練習正確畫出第一個椅式。

習　題 請畫出以下各題中化合物的椅式構形。

6.16

6.17

Br

6.18　　Me

COOH

6.19
OH

OH
Me

6.20

Me
Me

6.21

6.5 環的翻轉

環的翻轉是了解椅式構形的最重要觀點之一，然而大多數學生通常把它搞錯。要搞清楚環的翻轉，我們試著先指出什麼不是環的翻轉，它可不只是讓椅式翻個筋斗：

不是
環的翻轉

學生之所以會誤以為這是翻轉其實並不奇怪，因為翻轉常常有翻面的意思。但是此處的翻轉有很特殊意義，它其實是指這樣的動作：

注意左圖的椅式，它左邊的尖端是向下指的，而右圖椅式的左邊尖端卻是指向上方。所以翻轉前後的兩個椅式並不相同。此外還要注意，左圖的氯原子本來是在赤道位置上，翻轉後卻變成在軸位置上。這是環的翻轉最重要特質之一。環翻轉後，原先在赤道位置上的取代基，全都變到軸位置上，而原先在軸位置上的，則全變到赤道位置上。環己烷在室溫下會不停地在這兩個椅式構形間翻轉。

讓我們用一個類比狀況來了解這個環翻轉的現象。試著想像你在一條很長的走道上漫步，你的雙手就像大部人走路時一樣，不斷地前後擺動。前一刻你的左手擺在身前、右手在身後，但下一刻你的左、右手位置卻顛倒過來。也就是每走一步，你的左、右手位置都會前後交換一次。這個環己烷的碳環也在做類似的變化，在上圖的兩個椅式構形之間不斷地翻來覆去。環上的每一個取代基的位置也隨之一會兒為軸式、一會兒為赤道式，不斷地變來變去。

此外還有一個更重要的特質值得注意。讓我們再看看上例中的氯原子。我們說過，環翻轉使得原在赤道位置上的氯原子，轉換到了軸位置上。但是朝上／朝下的位置是否也改變了？結果是：

請注意，環翻轉後，氯原子的朝下性質並未改變。換句話說，環上取代基的朝上／朝下性質顯然**不**因為環的翻轉而變動，但是軸／赤道位置，會因為環的翻轉而變動。這明白地告訴我們，朝上／朝下

與軸／赤道位置並沒有關係。如果環上取代基朝上，它會維持為朝上，不受環翻轉的影響。

　　所以現在我們可以了解，同一個正六角形式圖形可以代表在兩個椅式構形之間，不斷翻來覆去的分子。正六角形式告訴我們，環上的各個取代基哪一個朝上、哪一個朝下，這一點不會因環的翻轉而改變。至於它們是軸式或是赤道式，則隨你畫出來的椅式而不同。到目前為止，我們只學會了畫兩個椅式中的一個，現在我們來學如何畫另一個椅式。

　　兩個椅式的畫法其實相同，只是畫線時的走向相反而已。記得畫第一椅式的標準步驟如下：

第1步　　　　　第2步　　　　　第3步　　　　　第4步　　　　　第5步

現在，畫另一種椅式的步驟如下：

第1步　　　　　第2步　　　　　第3步　　　　　第4步　　　　　第5步

比較上面兩種步驟，我們看到它們的重要分野是在第 2 步，畫第一個椅式的第 2 步，是在 V 的右端劃斜線，而畫第二個椅式的第 2 步，則是在 V 的左端劃下斜線。其他步驟的規則都一樣。請利用以下空白，練習畫第二個椅式：

現在讓我們確定你知道如何畫環上的取代基。規矩還是跟先前說過的一樣，軸的位置為垂直向上或向下交錯，

赤道位置則與環上的下一根鍵平行：

與環上的下一根鍵平行，
因此與這兩根鍵平行

習題

6.22 在下面空白裡，練習畫第二個椅式，並畫出上面的12個取代基。

　　讓我們回頭複習，以便你能確實了解以下幾個重點。第一，當我們拿到正六角形式的六碳環時，它告訴我們環上各個非氫取代基位置為朝上或朝下。第二，在我們把它轉換成椅式後，其上的取代基位置維持原樣：朝上的仍然朝上、朝下的仍是朝下。第三，同一個化合物有兩個椅式構形，化合物是隨時在這兩個構形之間，翻轉來翻轉去。第四，翻轉後，原來軸式的取代基變成了赤道式，而赤道式的則變成了軸式。讓我們來看一個例子。
　　考慮次頁這個化合物：

注意環上有兩個非氫取代基：一個是 Cl，它是朝下（因為是在虛線鍵上），另一個是 Br，它是朝上（因為是在楔形鍵上）。我們可以為這個化合物畫出兩個椅式構形：

在這兩個椅式中，Cl 都是朝下，Br 都是朝上，差別在於軸／赤道位置，我們看到在左邊的構形裡，Cl 和 Br 都在赤道位置上，而在右邊的構形裡，它們都在軸位置上。

任何一個正六角形式都有兩個椅式構形。現在讓我們把注意力集中在學會畫出任何化合物的兩個構形上。在上一節裡我們學會畫第一個椅式，我們用一個數字標示系統，以決定正六角形式環上各個取代基坐落在哪一個碳上，並且使用朝上／朝下這種專有名詞標出它的正確位置（在軸位置上或是在赤道位置上）。畫第二個椅式的步驟，與畫第一個椅式的步驟幾乎無異。以下就是畫好的兩個骨架：

第一個椅式骨架　　　　第二個椅式骨架

一旦畫好了這兩種椅式骨架，順著時鐘方向為它們標上 1 到 6 的六個數字，然後在正確位置（朝上或朝下）上畫出取代基。依照這個

有機化學天堂祕笈

方法我們可以同時畫出兩個椅式。現在讓我們做一個練習。

練習 6.23 請替下面的化合物畫出它的兩個椅式構形：

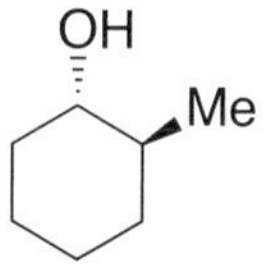

答 案 首先，我們把正六角形式上，連接第一個取代基的碳標示為 1，然後以順時鐘方向，依次把其他五個碳也標上數字。這使得 OH 位於 1 號碳上，而 Me 位於 2 號碳上。

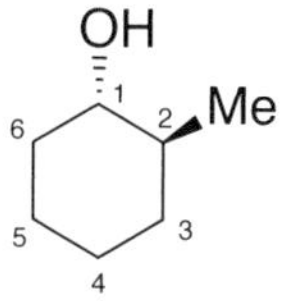

其次把兩個椅式骨架都畫出來，並且以順時鐘方向為它們標上數字，然後在 1 號碳和 2 號碳上畫朝上和朝下的鍵：

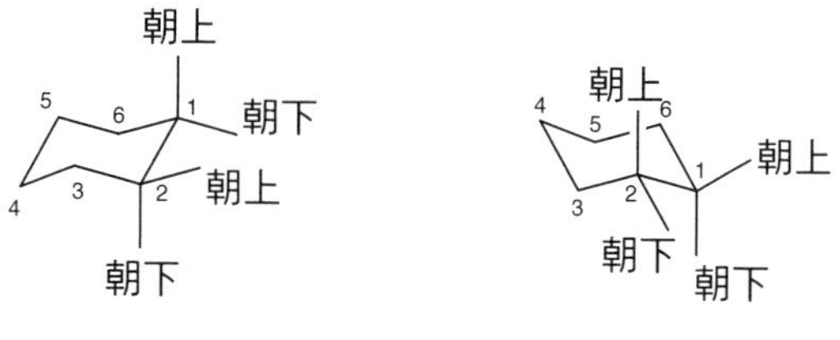

最後，把環上的取代基畫在兩個椅式骨架上。OH 位於 1 號碳的朝下位置（因為連接它的是根虛線鍵），而 Me 位於 2 號碳的朝上位置（因為連接它的是根楔形鍵）：

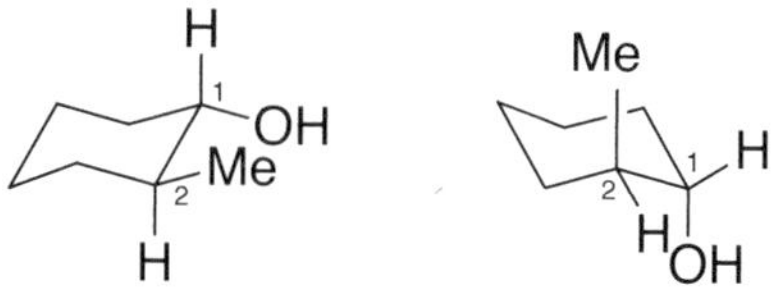

當我們把兩個椅式重行畫過,省略掉標示的數字跟氫原子,你會發覺
這兩個構形之間的關係看起來並不明顯,所以我們才需要按照上述步
驟去畫,以免出錯:

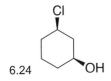

習 題 請替以下的化合物畫出它的兩個椅式構形。

6.24

6.25

6.26

6.27

6.28

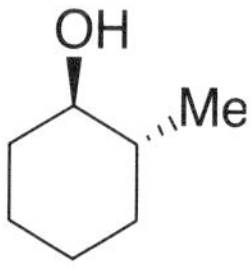

6.29

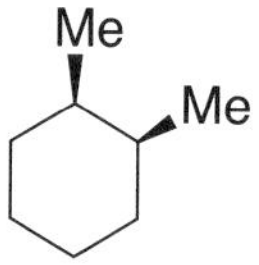

有的時候，題目會給一個椅式構形，要求你把另一個椅式構形畫出來。這時，我們也需要用數字標示來幫忙。讓我們來看一個例子。

練習 6.30 下面你看到帶有取代基的環己烷的一種椅式構形，請把另一種椅式構形畫出來（也就是要做環的翻轉）：

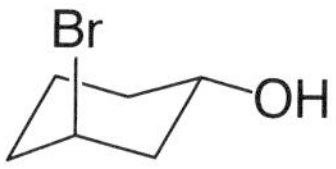

答 案 首先把這個椅式標上數字。我們從最右端的碳原子開始，把 1 標在第一個有取代基的碳原子上，然後依順時鐘方向、以 2 至 6 命標示剩下的五個碳，所以 Br 在 3 號碳上。

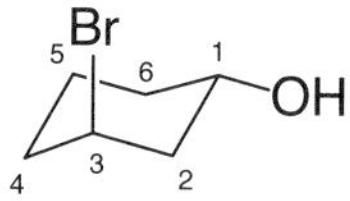

同時我們注意到，該 OH 為朝下、Br 為朝上。

其次畫第二個椅式的骨架。在畫好的骨架上同樣從最右端的碳開始，以順時鐘方向標上數字。然後在 1 號碳上畫一根朝下的鍵，以及在 3 號碳上畫一根朝上的鍵：

最後，把兩個取代基分別畫上去：

Br

OH

習　　題

以下各題給了一個椅式構形，請把另一個椅式構形畫出來。

6.31

6.32

6.33

6.34

6.35

6.36

6.6 哪種椅式較穩定？

　　一旦你能把有取代基的環己烷的兩個椅式構形都畫出來，你就應該能預期哪一個構形比較穩定。因為穩定性對反應活性很重要。想像你發現，某一個化學反應只在某特定取代基在軸的位置時，才能進行（稍後不久你就會學到這樣的反應，它叫做 E2）。你已經知道六碳環上的取代基（無論朝上或朝下）都會隨著環的翻轉，一會兒坐落在軸位置上，一會兒在赤道位置上。但是如果其中一個椅式很不穩定，化合物在 99% 的時間內，都會以另一個穩定性較高的椅式存在，那麼問題就變成在穩定性較高的椅式中，這個重要的取代基位置在哪兒？是在軸位置上還是在赤道位置上？如果在穩定性高的椅式中，取代基位於赤道位置上，那麼反應不會發生。因為只有當取代基在軸位置上的那 1% 的時間可以進行反應，會導致反應速度很慢。反過來說，如果取代基在 99% 的時間內都是位於軸位置上，那麼反應進行的速度會非常快。

　　所以你能看得出來，了解使椅式構形不穩定的因素很重要。然而我們只需要記得一個規則，那就是**取代基在赤道上的椅式構形比較穩定**，因為它不會碰撞到東西〔在這裡碰撞稱為立體阻礙（steric hindrance）〕。反之，在軸上的取代基，因為會撞到其他在軸上的東西，使得椅式構形不穩定：

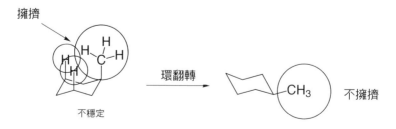

取代基愈大，愈喜歡待在赤道位置上。所以取代基如果是三級丁基（*tert*-butyl group），它就會幾乎都待在赤道位置上，彷彿「鎖定」在一個構形而不進行環的翻轉（事實上環翻轉並未停止，只是它待在比較穩定椅式構形的時間，超過了全部時間的 99%）：

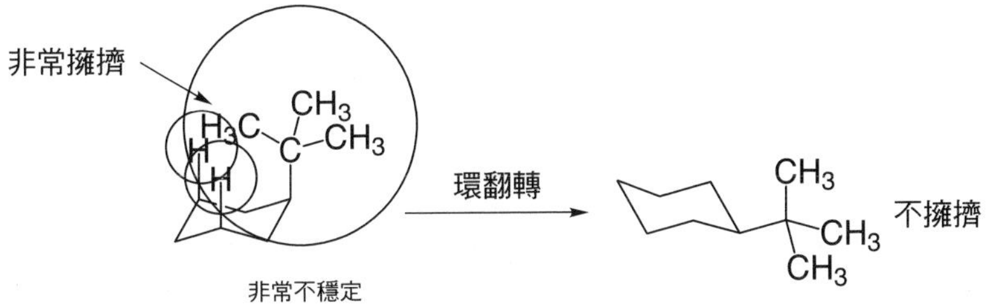

如果在這六碳環上另有一個氯原子，當三級丁基在赤道位置上時，氯原子卻在軸位置上，結果會怎樣？

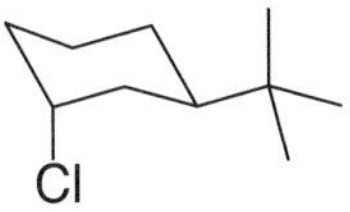

由於三級丁基一定要在赤道位置上，這個椅式會鎖定氯原子在軸位置上。如果有一個化學反應必須要氯原子在軸位置時，才能進行，那麼這個三級丁基的存在，會使反應的速度大幅增快。如果 Cl 被鎖在赤道位置上，反應速度會太慢：

現在我們了解椅式穩定性的重要。所以讓我們一步一步來確定化合物的椅式構形中，哪一個比較穩定。

如果環上只有一個取代基，那麼讓取代基處於赤道位置的椅式，就是比較穩定的構形：

比較穩定

如果在環上有兩個取代基,這兩個取代基都處於赤道位置的椅式,是比較穩定的構形:

比較穩定

如果一個取代基在赤道位置,另一個在軸位置上,那麼較大取代基在赤道位置的椅式,是比較穩定的構形:

比較穩定

在上例中,我們可以選擇讓三級丁基待在赤道位置上,或是讓甲基待在赤道位置上,但無法讓它們同時待在赤道位置上。三級丁基比甲基大得多,所以三級丁基在赤道位置上的構形比較穩定。

如果在環上有兩個以上的取代基,仍可用相同的邏輯選出比較穩定的椅式:把最大取代基放在赤道位置上的構形,就是比較穩定的椅式。

練習 6.37 請把下面這個化合物的最穩定椅式構形畫出來:

答 案 首先把兩個椅式構形畫出來都畫出來(如果你發現畫它們有困難,請回頭去複習本章的前兩節內容):

然後選擇較大取代基在赤道位置上的椅式。在此例中，兩個取代基可以同時在赤道位置上，所以比較穩定的椅式就是它：

Et ⌇ Me

習 題 請把以下化合物的最穩定椅式構形畫出來。

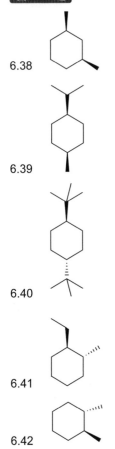

6.38

6.39

6.40

6.41

6.42

6.43

6.44

6.45

6.7 不要被命名法搞糊塗

有些命名法經常會讓學生很頭大,所以值得用兩小段文字說明一下。在討論六碳環(環己烷)的時候,若是相鄰的兩個取代基都是朝上或朝下,它們的相互關係稱為**順**(*cis*)。若是它們一個朝上另一個朝下,則稱為**反**(*trasns*):

順(*cis*)　　　　　　反(*trans*)

請不要把它們與順跟反的雙鍵搞混。這兒沒有雙鍵,所以看到順跟反這兩個字眼出現時,不要一廂情願畫出雙鍵出來。我們發現太多學生在畫「順-1,2- 二甲基環己烷」(*cis*-1,2-dimethylcyclohexane)時,會在答案裡硬塞進一根雙鍵。要記得在命名法中,中文名稱最後一字「烷」(或英文名稱的字尾 -ane)就明白告訴了我們,這個分子裡沒有雙鍵。在兩個不同場合裡使用了相同的字眼,是因為順的意思是「在同一邊」,而反的意思是「在對邊」。

第章

組態

在上一章，我們了解分子就像人一樣，可以擺出許多不同的構形。比方說，你可以用各種方式轉動手臂：把雙臂向上直舉、向兩旁平伸出去，還可以讓雙臂下垂等等。不過無論如何轉動手臂，或把手擱在哪兒，你的右手始終還是右手。你無法把右手扭轉成為左手。它之所以始終是右手，並非由於它長在右臂跟右肩上的關係。不信的話你可以「想像」把雙臂切下來（千萬不要實地試驗！）左右交換後分別縫回去，你會發現右手接到左肩仍然還是右手，結果只會讓你看起來非常怪罷了。

你的右手只能妥貼、合適地戴上右手手套，無法戴上左手手套。無論你把手擺在何處，這項特質永遠不會改變。分子也可以具備這樣的特質。

對於一個分子而言，在三維空間內，它的某個區域可能具備兩種不同的連接方式，兩種方式的差別正如同左、右手一般。當然要區分這兩種方式，不能也稱呼它們為「左手」跟「右手」，於是我們選用了 R 跟 S 來表示這兩種可能。換句話說，當我們談到分子組

態，我們是指分子為 R 或 S。如果某個分子的立體排列方式為 S，那麼分子的胳膊無論如何扭轉、彎曲，永遠是 S。這個分子可以隨意改變它的構形，但是分子組態一直維持不變，唯一可能改變組態的辦法就是發生化學反應。

這個說法解釋了上一章曾提到的一個現象：在我們畫六碳環椅式構形上的鍵時，無論你畫哪一個椅式構形，取代基朝上的總是朝上，原因就是朝上跟朝下是組態問題，它不會因為構形不同而改變。

請千萬不要把**組態**（configuration）跟**構形**（conformation）混淆，許多學生常會分不清楚這兩個名詞。記住，**構形**是指分子透過扭轉而呈現的不同姿勢，但是**組態**則是說明分子屬於右手型或左手型（R 或 S）。

在分子內，有可能成為 R 或 S 的區域稱為**立體中心**（stereocenter 或 chiral center，chiral 源自於希臘文，意思是「手」。我們應該能理解此字代表的象徵意涵）。在本章中，我們將學習如何尋找立體中心的位置，如何適切地畫出它們，如何標示它們為 R 或 S，以及當一個化合物擁有一個以上的立體中心時，會發生什麼事。

一旦開始學習有機化學反應，你就會了解這是極重要的議題。屆時你將會看到，有些反應會把立體中心的組態，從原先的 R 改變為 S，或是從 S 改變為 R，而其他反應則不然。要預期反應產物，你絕對**必須**知道如何表達立體中心的所在，而且必須了解，在特定反應中它們會發生怎樣的變化。

 ## 7.1 找出立體中心的位置

就本課程的目的而言，我們把立體中心定義為：與四個彼此皆不相同的取代基鍵結的碳原子。譬如，

$$\text{Et} \diagdown \overset{\displaystyle \text{Br} \diagup \text{Cl}}{\underset{}{\diagup}} \diagup \text{Me}$$

此圖正中央有一個碳原子，碳上連接著四個不同的取代基：乙基（ethyl, Et）、甲基（methyl, Me）、溴（Br）和氯（Cl）。依照定義，我們有了一個立體中心。只要你有四個不同的取代基連接到一個碳原子上，你都會有兩種不同的空間排列方式（永遠都是兩種，不會多也不會少），這兩種排列就是兩個不同的組態：

雖然在這兩個化合物中，跟碳連接的原子，種類跟數目都一樣，但這兩個化合物彼此並不相同。它們的差異來自於三維空間中的排列，所以，它們各自為對方的**立體異構物**（stereoisomer，其中「stereo」指立體空間）。更專業的說法是，它們是**鏡像異構物**（enantiomer），因為它們互為對方的鏡中影像且彼此不能重疊。如果把它們做成實物模型就更容易看出來，它們的確互不相同——它們彼此無法重疊。

請注意，在此我們不能只看跟中央碳原子連接的四個原子而已（譬如此例中的四個原子分別為 Br、Cl、C 和 C，這可能讓我們誤以為其中有兩個取代基相同）。換句話說，當我們檢視碳原子的取代基時，無論它們有多大，我們都得以接上去的整個分子做考量，請看下面這個例子：

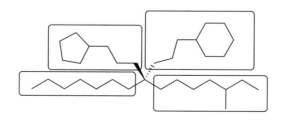

中央碳原子上的四個取代基都不相同。

　　你必須學會無誤地辨識出連接四個不同取代基的碳原子。為了助你一臂之力，我們先審視一些非立體中心的情況：

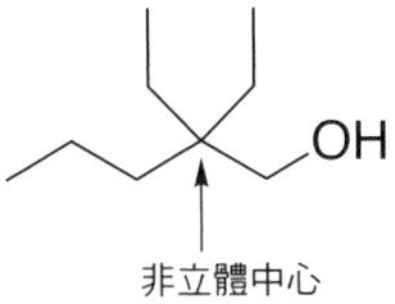

非立體中心

上圖標示出的碳原子並非立體中心，原因在於它的四個取代基中有兩個相同（兩個乙基）。下例的情形也是如此：

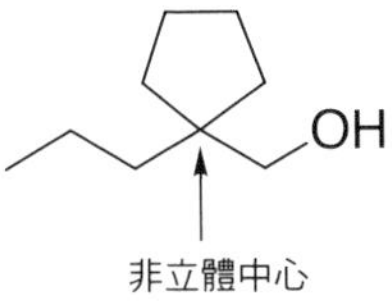

非立體中心

無論你是以順時鐘方向或是逆時鐘方向來看這個五碳環，結果都沒有差異，所以標示出的碳原子也不是立體中心。不過要把它變成立體中心也不困難，只要在五碳環上加上一個取代基即可：

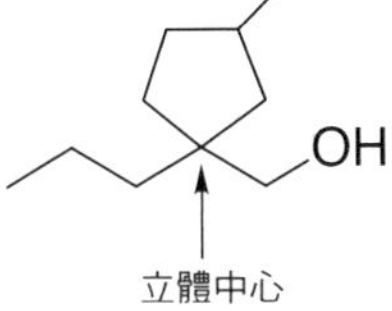

立體中心

　　通常，我們在畫立體中心時可用虛線鍵和楔形鍵表示我們指的是哪個組態。如果畫的時候沒用虛線鍵和楔形鍵，那麼我們就會假設，它代表著兩個組態的等量混合物，也就是**消旋混合物**（racemic mixture）。事實上，上面這個化合物中，除了標示出的這個碳原子，還有另一個立體中心。你能找到它嗎？這個化合物的兩個立體中心各自可以是 R 或 S，又由於它有兩個立體中心，可能有的組態

總數為四個：分別為 RR、RS、SR 和 SS。又因為上圖沒用虛線鍵和楔形鍵，我們必須假設它代表的是所有四種立體異構物的混合。

練習 7.1 下面這個化合物裡面有一個立體中心，請把它找出來。

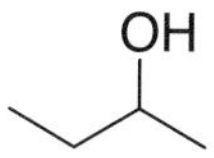

答　　案 讓我們從這個化合物最左端開始檢查。第一個碳原子上面一共有三個氫原子，不可能是立體中心；第二個碳原子上也有兩個氫原子，也不會是立體中心；第三個碳原子上連接的是四個取代基都不同，有：乙基（左邊）、甲基（右邊），往上伸出的 OH，還有一個沒畫出來的氫原子（可千萬別因為沒畫出來而忘了它），四個取代基都不同，所以這就是我們要找的立體中心。

習　　題 以下各題的化合物，都有一個立體中心，請把它找出來。

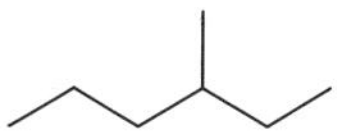

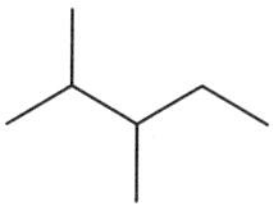

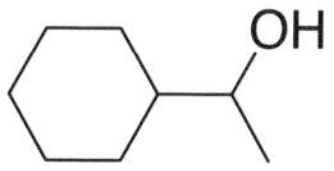

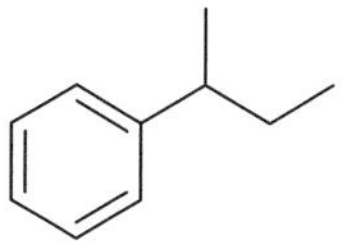

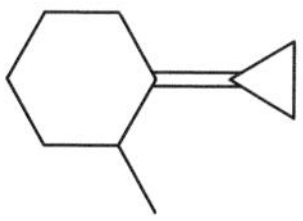

上面的題目已經清楚的指出，每個化合物只有一個立體中心。希望你很快就察覺到一些可以加快尋找速度的竅門（例如直接跳過 CH_2 取代基跟雙鍵等）。接下來的練習裡，分子的立體中心數目並不

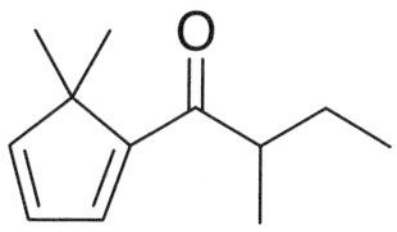

固定，一個化合物裡面可能有五個立體中心，也可能一個都沒有。

練習 7.8 檢視下面這個化合物，請把所有的立體中心全找出來。

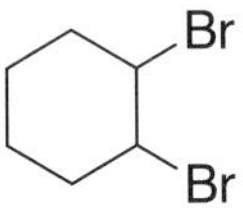

答　案 如果繞著環檢查這個化合物，我們首先注意到它總共只有六個碳原子，其中有四個是 CH_2 基團，它們不可能是立體中心。剩下的是兩個帶有 Br 的碳原子，經檢查證實，它們各自連接四個不同的基團，所以它們兩個都是立體中心。

習　題 檢視以下各題中的化合物，把它們的立體中心全找出來。

7.9

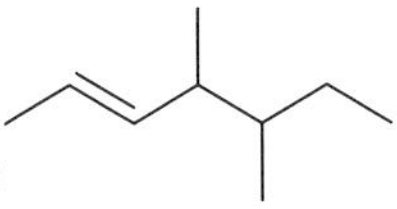

7.10

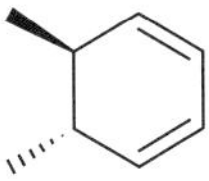

7.11

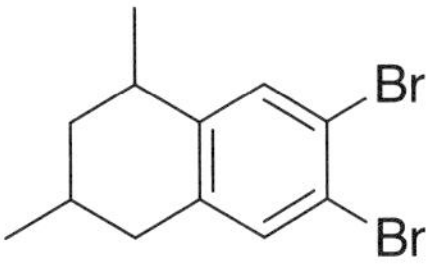

7.12

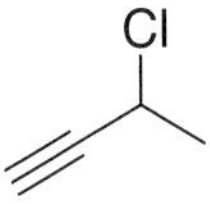

7.13

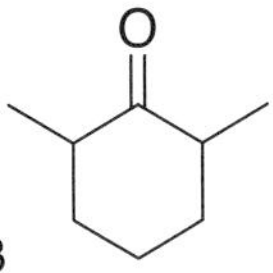

7.14

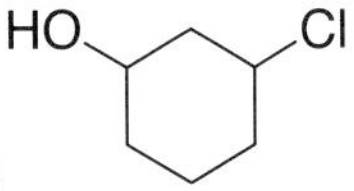

7.15

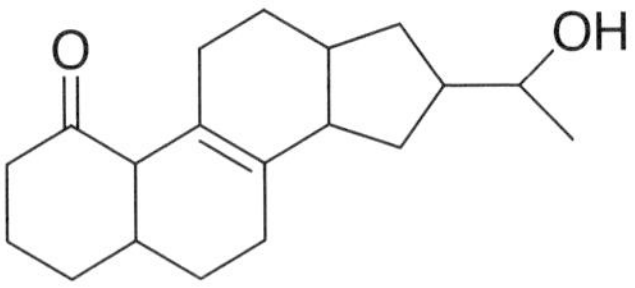

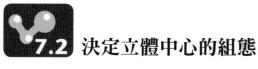

7.2 決定立體中心的組態

現在我們已經知道如何找出分子的立體中心,下一步當然是要學會如何決定立體中心是 R 或 S。做出決定有兩個步驟,第一步是把立體中心上的四個取代基分別標上數字(從 1 到 4),然後利用這些數字的位向(orientation),來決定組態。所以我們先談第一步:如何標上數字。

我們先把跟立體中心相連的四個**原子**列出來。以下例來說明:

連接立體中心的四個原子分別為 C、C、O 及 H。我們依照它們的原子量大小,訂出 1 到 4 的次序。要做到此點,我們不是每次都得去查元素週期表,就是乾脆把週期表上的一小部分默記下來——這部分包含了有機化學最常見的幾種元素:

C N O F

P S Cl

Br

I

比較上例中的四個原子時,我們發現氧的原子量最大,所以給它標上 1 號(即最高優先)。相對的,氫的原子量最小,因此給它標上 4 號(最低優先)。這兒你也許會問,如果碳上有兩個氫原子的話,該怎麼辦呢?如果真的是有兩個氫,我們根本用不著考慮給它們標上數字啦!因為依照定義,這個碳原子根本不是立體中心。但是立體中心上的確有可能連接兩個碳原子,那我們該怎麼辦?該如何決定哪一個碳原子該得到 2、另一個該得到 3 呢?

　　判斷碳原子的優先高下的規定如下：把各自連接雙方的三個原子（立體中心除外）列出來做比較，較重者優先。我們就順便用上例來說明，立體中心左邊的碳原子上共有四根鍵，其中除了一根連接立體中心之外，其他三根鍵連接的分別為 C、H 及 H。而右邊那個碳原子上，除了連接立體中心的那根鍵之外，其他三根鍵分別連接著三個 H 原子。我們把雙方的情況並排列出來如下（較重的原子先列出來）以便比較：

$$
\begin{array}{cc}
C & H \\
H & H \\
H & H
\end{array}
$$

我們一眼就看出了其中差別：碳比氫重，所以左邊的碳顯然優先，應該標示為 2 號，而右邊的碳成了 3 號：

練習 7.16 請檢視下面這個化合物，找出它的立體中心，依照上述以原子量為準的優先次序系統，把立體中心上的四個取代基標上 1 到 4 號。

答案： 跟立體中心直接相連的四個原子分別為 C、C、Cl 及 F，其中 Cl 的原子量最大，因而它是第一優先，得到 1 號。其次第二重的原子是 F，所以它得到 2 號。然後問題是兩個碳原子中哪一個該得到3號？我們把這兩個碳上的其他三個原子表列出來如下：

$$
\begin{array}{cc}
\text{左碳} & \text{右碳} \\
C & C \\
H & C \\
H & H
\end{array}
$$

顯然是右碳勝出。所以化合物標上數字後如下：

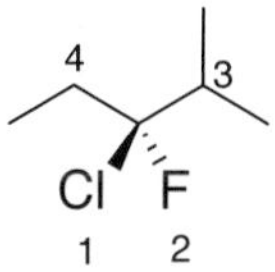

習題 請檢視以下各題的化合物，找出立體中心，並依照上述以原子量為準的優先次序系統，把化合物上的四個基團標上 1 到 4 號。

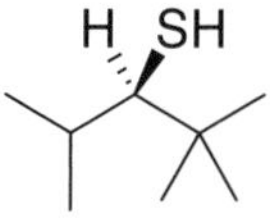

要為立體中心上的四個基團標上數字，還有幾個特殊情況需要知曉。首先是如果在決定兩個碳原子優先次序時，發現雙方的其他三個原子仍是相同，那麼你得繼續向外推進和比較，直到遇到了差別為止。例如：

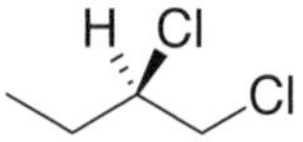

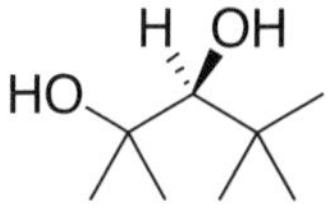

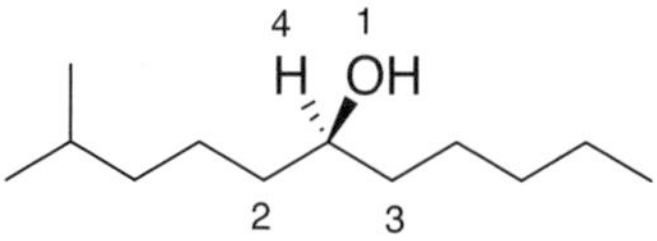

第二你應該知道，在朝外尋找比較的過程中，以最先遇到的不同原子來決定優先，而不是把原子量加總來作比較。請看下面這個化合物例子：

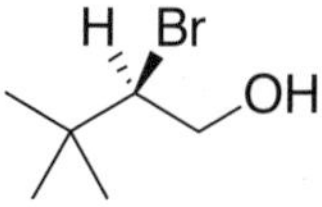

其中我們一眼就可以看出來，Br 最重，所以獲得 1 號，H 最輕獲得 4 號。接下來處理兩個碳時，我們發現了以下情況：

左碳　　右碳
C　　　O
C　　　H
C　　　H

在此情形下，我們不能把同邊的三個原子量全加起來，就這樣判定左碳勝出，而要從上而下，一列一列逐一比較。此例中我們看到，第一列就是左 C 右 O ——氧比碳重，因而判定右邊勝利。至於下列究竟是什麼，就完全不重要了。我們再重複一遍基本原則：**最先遇到**的不同原子決定優先。所以此例的正確答案是

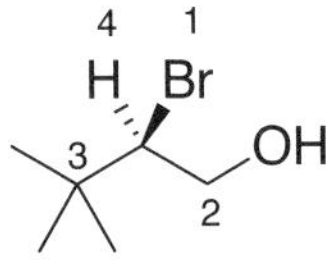

　　最後，如果遇到雙鍵，你應該把它當成是連接著兩個碳原子。譬如下例，

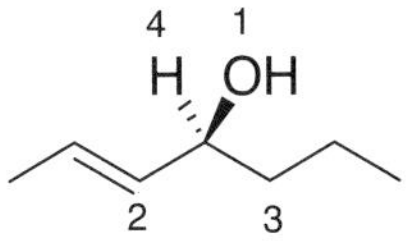

　　左邊的碳得到了 2 號，因為處理兩個碳時，我們發現了以下情況：

左碳　　右碳
C　　　C
C　　　H
H　　　H

練習 7.20 檢視下面這個化合物，找出立體中心，並依照以原子量為準的優先次序系統，把四個取代基標上 1 到 4 號。

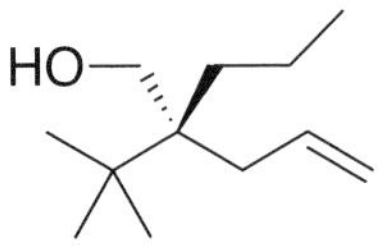

答案： 與立體中心直接連接的四個原子都是碳，所以我們需要進一步比較與各個碳原子連接的其他三個原子：

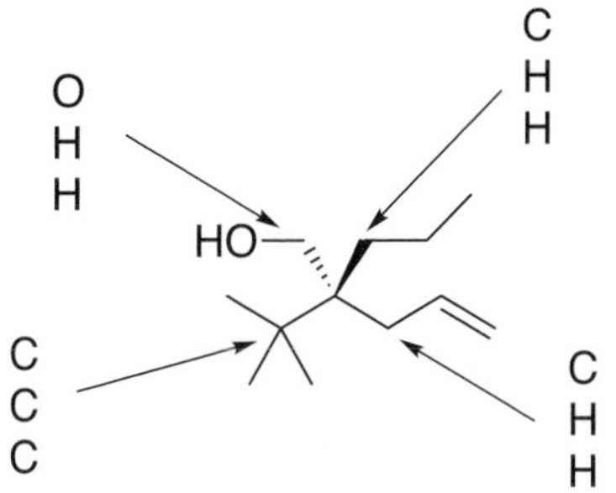

第一列原子比較下來，左上碳的 O 拔得頭籌取得了 1 號。其次比較第二列，左下碳的 C，勝過了另兩個碳的 H 而獲得了 2 號。然而在比較第三列原子時，右上和右下兩個碳都是 H，無法分出高下。我們得再向外推進一個碳，繼續比較。要記得把雙鍵當作連接兩個碳原子：

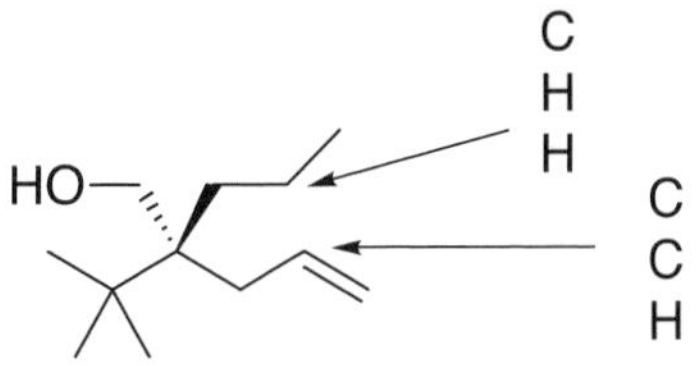

所以本題的答案為：

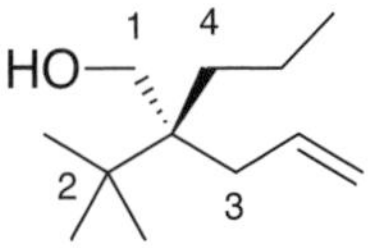

習 題 檢視以下各題的化合物，找出立體中心，並依照以原子量為準的優先次序系統，把四個取代基標上 1 到 4 號。

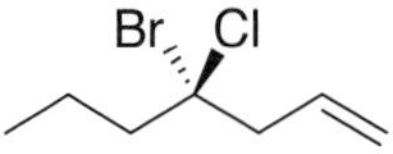

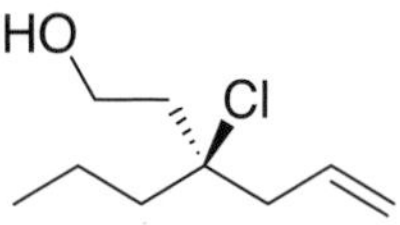

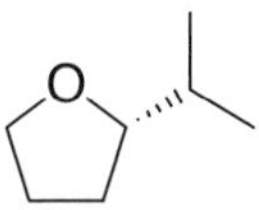

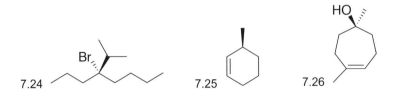

7.24   7.25   7.26

　　現在我們已經知道如何把立體中心上的四個基團標上1、2、3、4。接下來我們要學習如何根據這些數字，決定立體中心的組態。其中涉及的觀念很簡單，只是有人無法想像東西在三維空間中旋轉的情況。如果你剛好是這種人也不用擔心，有個化解的竅門可用。不過先讓我們看看，沒有此竅門時該怎麼做。

　　如果讓4號基團背著我們而去（即位於虛線鍵上），然後我們問，1、2、3號取代基的排列是順時鐘方向或逆時鐘方向：

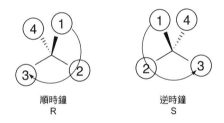

　　左圖中我們看到1、2、3為順時鐘方向旋轉，這樣的組態我們稱為R。相對地在右圖中我們看到了1、2、3為逆時鐘方向旋轉，這樣的組態我們稱為S。所以如果你看到的分子立體中心，虛線鍵上的剛好都是4號基團，那麼你的日子就非常好過啦：

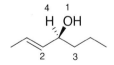

　　上例的虛線鍵上恰好就是4號基團，所以你只要1、2、3的順序，結果發現它們是逆時鐘方向旋轉，所以組態為S。

　　如果虛線鍵上的不是4號基團，就稍微麻煩一點，你得先在心

目中把分子轉動一下，讓 4 號基團轉到虛線鍵位置，才去讀 1、2、3。
請看下例：

我們先只畫出立體中心跟四個號碼的位置：

現在我們需要把分子轉動一下，讓 4 號基團轉到虛線鍵位置。怎麼
個轉法呢？我們想像用一根鉛筆垂直穿過立體中心，然後以鉛筆為
軸，把分子轉 90 度：

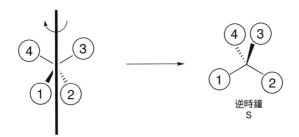

於是 4 號基團跑到了虛線鍵位置。之後，我們可以去讀 1、2、3，發
現它們的走向是逆時鐘，因此組態為 S。

讓我們再看一個例子：

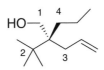

我們重畫立體中心跟四個取代基的號碼，看到 4 號並不在虛線鍵

上（這回是在楔形鍵上）。同樣假想用根鉛筆垂直穿過立體中心，以鉛筆為軸旋轉 180 度，使 4 號轉到虛線鍵上：

一旦 4 號轉到虛線鍵上，我們再去讀 1、2、3，發現它們的走向是順時鐘，因而組態為 R。

現在我們來談談所謂的訣竅。如果在看以上兩個例子時，你都覺得理所當然、毫無窒礙，那麼非常好，你也用不著這個訣竅啦！但是如果你覺得，把平面圖看成三維空間的立體物品有一些困難，那麼你可以使用這個簡單的訣竅，幫助你解題。這麼好的訣竅是啥呢？首先你要記住一個原則：如果立體中心的四個取代基中，任兩個取代基互相對調位置，該立體中心的組態就會隨之改變（R 變為 S，或 S 變為 R）：

上面這種情形在任何兩個取代基對調位置時都會發生，絕對沒有例外，訣竅就是利用這一點。實際做法可分三步：我們舉次頁的上圖為例，第一步把 4 號基團跟畫在虛線鍵上的基團（不管它是幾號）對調位置，其次讀 1、2、3，決定出它們的走向跟組態（同樣是順時鐘為 R、逆時鐘為 S），得到 R 的話，組態就是 S，反之亦然。

這個立體中心看起來滿棘手的，因為 4 號基團在楔形鍵上。讓我應用訣竅來試試，第一步把圖中的 4 號基團跟畫在虛線鍵上的 1 號基團對調位置：

對調位置後，4號在虛線鍵上，這時決定組態就不再棘手啦！我們讀1、2、3，決定出它們的走向為逆時鐘轉，表示調位置後組態為S，所以原本的組態必然是R。這就是訣竅的內容，它非常可靠好用。只是你在使用時**必須非常小心**，千萬別忘了最後寫答案前必須要轉換組態（因為你曾經把4號跟虛線鍵上的基團對調過位置）。

　　現在我們多做些練習，讓你熟悉如何決定分子的立體中心組態。你可以用插鉛筆旋轉 4 號到虛線鍵上的辦法（如果你在想像三維空間上沒有問題的話），也可以使用上述訣竅，無論用哪一個，覺得好用就好。

習　題　檢視以下各個立體中心，決定它們的正確組態(R 或 S)。

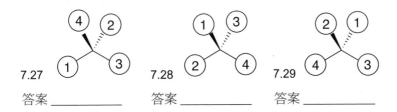

7.27　答案 ＿＿＿＿＿＿　　7.28　答案 ＿＿＿＿＿＿　　7.29　答案 ＿＿＿＿＿＿

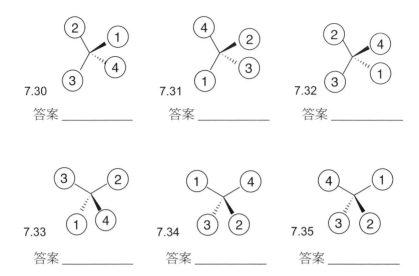

7.30 答案 ＿＿＿＿＿＿

7.31 答案 ＿＿＿＿＿＿

7.32 答案 ＿＿＿＿＿＿

7.33 答案 ＿＿＿＿＿＿

7.34 答案 ＿＿＿＿＿＿

7.35 答案 ＿＿＿＿＿＿

到目前為止，我們已經學會了如何把立體中心的四個基團，各自標上1至4的優先次序，以及如何利用此優先次序去決定該立體中心的組態。現在讓我們再做些實際的練習：

練習 7.36 下面這個化合物裡有一個立體中心。請把它找出來，並且決定它是 R 或 S：

到目前為止，我們已經學會了如何把立體中心的四個基團，各自標上1至4的優先次序，以及如何利用此優先次序去決定該立體中心的組態。現在讓我們再做些實際的練習：

答 案 有兩個氯的碳原子不可能是立體中心，原因是它上面有兩個取代基（Cl 和 Cl）相同。所以有 OH 取代基（叫做氫氧基或羥基）的碳才是立體中心，這個碳上的四個基團都不同。現在我們找到了立體中心，接下來得決定它上面四個基團的優先次序。

位於虛線鍵上的 O 由於原子量最大、得到最高優先的 1 號，沒有畫出來的氫（應該是坐落在沒有畫出來的楔形鍵上）得到了最低優

先的 4 號。至於中間的兩個碳原子,右邊的碳原子因為連接兩個很重的 Cl 原子而勝出,得到 2 號。左邊的碳原子當然只能是 3 號。所以標上數字後的立體中心如下:

我們注意到 4 號不在虛線鍵上,所以不能直接去讀 1、2、3。讓我們試用訣竅,把 4 號跟在虛線鍵上的 1 號對調,然後讀 1、2、3 發現旋轉方向為順時鐘,也就是取代基對調後的組態為 R。那麼對調前的組態,也就是本題的正確答案應為 S。

習 題 找出以下各化合物中的所有立體中心,並且分別決定它們的組態。

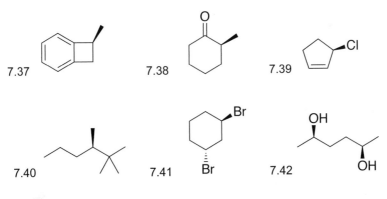

 7.3 命名法

在學習命名化合物(第 5 章)時,我們曾經說過,把名稱中有關立

體中心的部分暫時跳過，留待學會了如何決定組態後才回頭討論。現在我們知道了如何決定立體中心是 R 或 S，要如何把它加到名稱中呢？其實相當簡單，如果化合物有一個立體中心，你只需在名稱的最前面，指出立體中心的位置跟它是 R 或 S。請考量下例：

根據在第 5 章中學到的種種，我們會把上面這個化合物命名為 3,4-二甲基己 -2- 酮（3,4-dimethylhexan-2-one）。現在我們必須把分子中的每個立體中心組態也加進去。我們看到這個化合物裡有兩個立體中心，左邊為 R，右邊為 S。主鏈上的數字是從左數到右的，所以我們把（3R,4S）加到名稱中預留給立體異構現象的位置：

立體異構現象	取代基	主體	不飽和狀態	官能基

所以化合物名稱為：（3R,4S）-3,4- 二甲基己 -2- 酮〔（3R,4S）-3,4-dimethyl-hexan-2-one）。請注意，我們曾提及，名稱中的立體異構現象要用斜體字標出。

　　現在讓我們討論另一型的立體異構現象，這個型式我們在第 5 章中已經討論過一些，也就是雙鍵造成的立體異構現象。記得我們在名稱的不飽和狀態部分規定，若有雙鍵時，要在這位置以「烯」（英文名稱則加上 –en-）表示：

立體異構現象	取代基	主體	不飽和狀態	官能基

而且在烯或 -en 之前須以數字系統標示出雙鍵的位置。除此之外，我們了解雙鍵兩端連接的原子，經常會帶來兩種立體異構現象。我們已經討論過一套分辨這兩種關係的系統：用順（cis）和反（trans）

來做區分：

順　　　　　　反

這兩個字也得擺在名稱的第一部分（即立體異構現象部分）：

立體異構現象	取代基	主體	不飽和狀態	官能基

這個分辨雙鍵立體異構現象的系統，雖然有歷史淵源且廣為人用，但用途非常有限。原因是用順／反系統有一個先決條件，必須有兩個相同的基團分據雙鍵兩端。如果雙鍵兩端的四個基團彼此皆不相同，它仍然會有如下示兩種立體異構物：

而我們卻無法用順／反系統去分辨它們。所以我們需要另一個系統去分辨上面這兩個化合物。這個新系統利用決定立體中心組態優先次序的相同數字標示方式（以原子量當基準）。實際操作原理如下：我們看看雙鍵，它的兩端各有兩個基團：

這邊有兩個基團　　　　　　　　　　　　　這邊有兩個基團

我們任選一端開始（讓我們從左邊開始），找出該端的兩個基團哪一個優先：

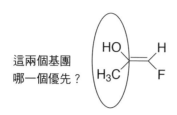

這兩個基團
哪一個優先？

根據原子量的高低，氧比碳重而獲得優先。雙鍵的另一端，同樣根據原子量的高低，則是氟比氫重而獲得優先。所以我們知道雙鍵兩端的優先情況（圈起來的基團為優先）：

上例中的優先次序決定起來非常簡單，但有時候會稍微複雜一些，例如

在此例中，所有的取代基都不相同（無法用順／反系統），用上面的方式，我們必須比較的是碳和碳，所以要另外找一個方法，因此我們借用前述決定 R 跟 S 時所遵循的法則：

1. 如果同邊的兩個原子相同，則比較跟它們相連的其他原子。

2. 一個氧原子勝過三個碳原子（記住永遠以先遇到的差別點做決定）。

3. 一根雙鍵等同兩根單鍵。

現在我們知道了如何決定優先次序，就可用依此命名雙鍵。讓我們回到本節的第一對例子，我們來看雙鍵兩邊的優先次序：看兩

個優先取代基是位於雙鍵的對側〔猶如反（trans）〕，還是位於雙鍵的同側〔猶如順（cis）〕：

兩優先取代基在雙鍵同側的情形稱為 Z（源自德文 zusammen，意思是「一起」），在對側時稱做 E（源自德文 entgegen，意思是「相對」）。

　　這個命名雙鍵的 E/Z 系統，顯然比舊有的順／反系統好些，因為它可以用來命名任何雙鍵，不像順／反系統只在雙鍵兩端有一對相同取代基時才能用。

　　我們把這項資訊放在名的首位，且放在括弧裡，跟前述處理 R 與 S 組態的辦法一樣。譬如說，雙鍵位置若是在主鏈的第 5 跟第 6 個碳之間，那麼我們就得把（5E）或（5Z）放在名稱的首位。

練習 7.43 請命名下面這個化合物，要包括名稱首位的立體化學部分。

答案： 記得前述的五個命名步驟，從名稱的最後部分開始，逐步向前推進：

立體異構現象	取代基	主體	不飽和狀態	官能基

首先我們看最右端的官能基。但這個化合物沒有官能基（所以中文名稱不以官能基名為尾字，英文名稱的字尾則為 -e）。其次我們得找找

看，分子中有無不飽和狀態。結果我們看到了一個雙鍵（所以在此位置上，中文名稱需加個「烯」字，英文名稱則須加上 –en-）。接下來我們要選擇一條包含雙鍵的最長主體，結果有七個碳，所以這個部分中文是庚，英文則是 –hept-。再下來要看分子主鏈上有哪些取代基，我們注意到分子中有三個取代基（兩個甲基和一個氟），所以在主體之前加上氟（fluoro）和二甲基（dimethyl）字樣。接下來我們得插入數字。由於要讓雙鍵（該分子最重要的特點）得到較低數字，所以主體上的數字應該從左數到右。把以上各點綜合起來，得到的名稱為

4- 氟 -3,5- 二甲基庚 -3- 烯（4-fluoro-3,5-dimethylhept-3-ene）

如果你不是很清楚地記得以上各個命名步驟，那麼你應該即刻回去複習本書第 5 章的命名法。到此我們只剩下最後一步，也是加上名稱首位立體化學的部分。我們看到這個雙鍵為 Z：

以及有一個組態為 S 的立體中心：

當把主鏈標上數字時，我們看到雙鍵在主鏈的第 3 個碳上，而立體中心的位置是第 5 個碳：

所以包括了立體化學部分後的名稱為

（3Z,5S）-4- 氟 -3,5- 二甲基庚 -3- 烯

〔（3Z,5S）-4-fluoro-3,5-dimethylhept-3-ene〕

習　題 請命名以下各題中的化合物，一定要包括名稱首位的立體化學部分。

7.44 名稱：＿＿＿＿＿＿＿＿＿＿＿＿＿＿＿

7.45 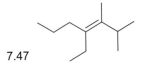 名稱：＿＿＿＿＿＿＿＿＿＿＿＿＿＿＿

7.46 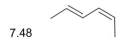 名稱：＿＿＿＿＿＿＿＿＿＿＿＿＿＿＿

7.47 名稱：＿＿＿＿＿＿＿＿＿＿＿＿＿＿＿

7.48 名稱：＿＿＿＿＿＿＿＿＿＿＿＿＿＿＿

7.49 名稱：＿＿＿＿＿＿＿＿＿＿＿＿＿＿＿

7.4 畫鏡像異構物

　　之前我們提過，鏡像異構物是兩個不能夠重疊、卻相互為鏡像的化合物。由於許多學生經常把它用錯了，我們就先釐清「鏡像異構物」究竟指的是什麼？讓我們再用人來作類比。如果兩個男孩由同一對父母所生，他們是為「兄弟」，意思是他們為對方的兄弟，若是要同時描述他們兩個，你說他們倆是兄弟。同樣地，當你有兩個不能重疊的鏡像化合物，它們被稱為「鏡像異構物」，意思是說：它們各自為對方的鏡像異構物，它們兩個是一對鏡像異構物。但是「不能重疊的鏡像」又是指什麼呢？讓我們回到兄弟類比來解釋。

　　我們想像有一對雙胞胎兄弟，他們外表上除了唯一的一個例外，其他長相都完全一個模樣。這一點例外是什麼呢？他們各自在一邊臉頰的同樣位置上，都長著一個一模一樣的圓形黑痣，一位長在左臉頰上，而另一位則是長在右臉頰上。這個黑痣讓我們能夠分辨出這對兄弟究竟誰是誰，他們看彼此就像是鏡中的自己一樣，但是他們的長相卻不完全相同。能看出不同化合物之間的關係是非常重要的本事，而能畫出鏡像異構物也同樣重要。稍後在這門課程裡面，你會看到一些能製造出立體中心的反應，而且兩個鏡像異構物都能生成。要預期反應的產物，你必須能畫出彼此為鏡像異構物的化合物。這一節要講的就是如何畫鏡像異構物。

　　首先你需要知道的是，鏡像異構物永遠出雙入對。記住它們是彼此鏡子裡的影像，鏡子只有裡外兩邊，所以具有鏡像異構物關係的不同化合物只能有兩個，絕對不可能更多。

　　所以當有人給了我們一個有鏡像異構物的化合物時，我們必須懂得如何把它的另一個鏡像異構物畫出來。在了解各種不同的畫法之後，我們就可以開始認出哪些化合物是鏡像異構物，哪些化合物不是。

　　畫鏡像異構物的最簡單方法，是把化合物的碳骨架重畫一遍，但是得把其中所有立體中心的組態都反轉過來。換句話說，把化合物中所有虛線鍵全改為楔形鍵，同時也把所有楔形鍵全改為虛線鍵。比方說，

OH

上面的化合物有一個立體中心（它的組態是什麼？答案是 R），如果我們要畫出它的鏡像異構物，很簡單，只須重畫上圖，但是把原來的楔形鍵改成虛線鍵即可：

OH

這個方法真是簡單，而且無論化合物中有多少個立體中心都合用。比方說，

的鏡像異構物為

　　我們看到右邊的化合物僅僅是把左邊化合物中，所有的立體中心都反轉了過來的結果。事實上，如果我們在左邊化合物的後面放上一面鏡子，鏡子裡呈現的影像，就跟右邊這個化合物相同。所以結論是，兩個鏡像異構物的骨架看起來相同，但是所有立體中心的組態都相反：

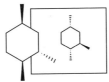

練習 **7.50** 請把下面這個化合物的鏡像異構物畫出來：

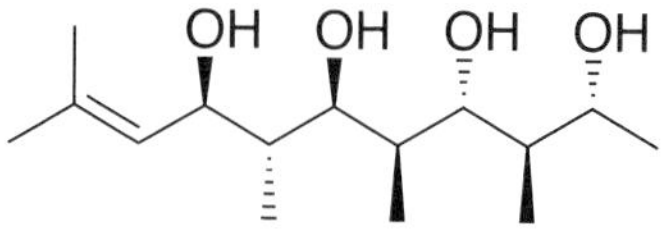

答　案 重畫上面這個分子，但是反轉每一個立體中心。也就是把原有的楔形鍵改畫成虛線鍵，而原有的虛線鍵改畫成楔形鍵：

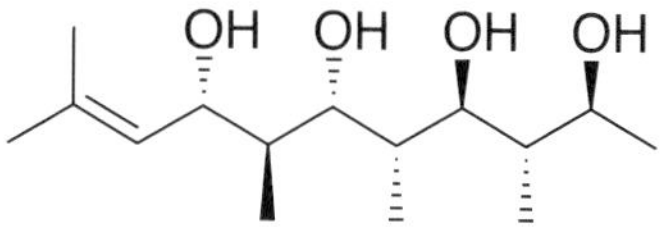

習　題 請把以下各題中化合物的鏡像異構物畫出來。

7.51

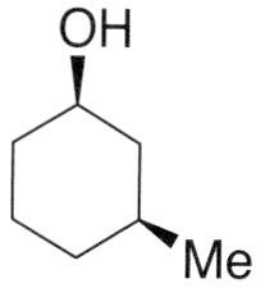

答案：

7.52

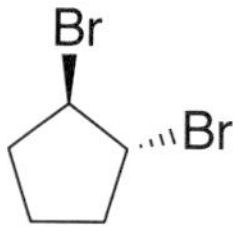

答案：

7.53

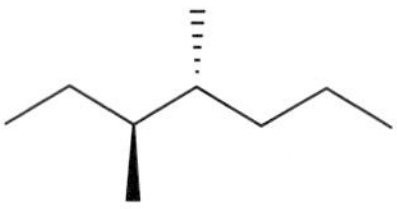

答案：

7.54

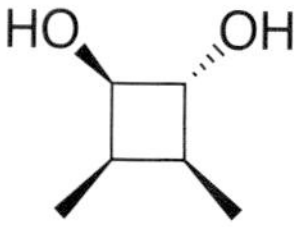

答案：

7.55　　　　　　　　答案：

7.56　　　　　　　　答案：

　　除了上述畫法之外，還有一個畫鏡像異構物的方法。上述畫法等於把一面鏡子放在化合物的**後面**，然後從鏡子裡觀看該化合物。現在要介紹的方法則是，把這面想像的鏡子放在化合物的**側面**，然後從鏡子裡觀看該化合物。讓我們舉個例子說明：

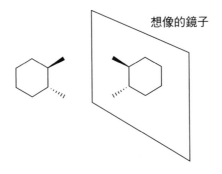

想像的鏡子

　　你一定很納悶，第一個辦法不就挺好的嗎，幹嘛要第二個方法呢？第一個畫法（把所有的虛線鍵和楔形鍵交換）的確非常簡單且容易執行，但在某些特殊情況下卻不好用。例如由環狀及雙環狀碳骨架構成的化合物，它們上面原有的虛線鍵和楔形鍵，沒有畫出來。其實之前我們已經看過這類化合物的一種例子：那就是以椅式構形表達的有取代基的環己烷。

Me

Cl

在上圖中，雖然我們明知道並非所有的鍵都躺在書頁面上，但每根鍵卻都畫成直線（沒有虛線鍵和楔形鍵），在這種圖中，我們不需要畫虛線鍵和楔形鍵，就可以看出各原子間的幾何位置。當然我們可以先把它轉換成正六角形圖（上有虛線鍵和楔形鍵），然後用第一個方法（把所有虛線鍵和楔形鍵互相交換）畫出它的鏡像異構物，再把這個正六角形圖轉換成椅式構形。但是這樣的做法要經過太多個步驟。此時，用第二個方法就要容易得多——只需把那面想像中的鏡子從化合物的後方，挪移到側面（你不用把鏡子真的畫出來），就可以畫出鏡像異構物，如同下例所示：

　　所以我們只要遇到沒畫出虛線鍵和楔形鍵的分子結構時，用第二個方法就容易得多。除此之外，還有一些碳骨架例子，由於大家同意，也不把虛線鍵和楔形鍵表達出來，這類例子大多為固定的雙環系統。譬如，

遇到這類化合物時，用第二個方法畫鏡像異構物要容易得多。當然，如果你用過第二個方法後，覺得不賴，甚至很喜歡的話，不妨把這第二個方法用在所有的化合物上（甚至用在那些有虛線鍵和楔形鍵的結構式上）。

　　你應該練習把鏡子放在化合物的右側，也應試試把它放在左側（你會注意到這兩種情況得到的結果完全相同）。

練習 **7.57** 請畫出次頁這個化合物的鏡像異構物。

答　案 這個化合物是一個剛性的雙環系統（rigid bicyclic system），上面看不到虛線鍵和楔形鍵，所以為了省麻煩，我們使用第二個方法，把鏡子放在化合物的側面，然後畫出鏡中的影像：

習　題 請畫出以下各題化合物的鏡像異構物。

7.58　答案：_____

7.59　答案：_____

7.60　答案：_____

7.61　答案：_____

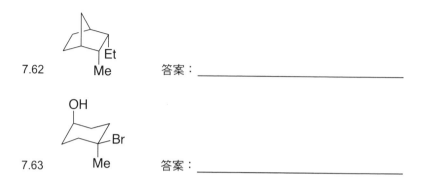

7.62　　　　　　　　答案：_____

7.63　　　　　　　　答案：_____

 7.5 非鏡像異構物

　　上一節裡我們舉的例子不外乎互為鏡像的兩個化合物。為了能夠互為鏡像，這兩個化合物裡的每一個立體中心，都必須反轉成另一組態。記不記得，前述畫鏡像異構物的第一個方法，是把同樣分子架構上的所有虛線鍵和楔形鍵對調（把原有虛線鍵改成楔形鍵，而原有楔形鍵改成虛線鍵）。也就是說，互為鏡像異構物的兩個化合物，它們的每一個立體中心，組態都相反。但是如果兩個同分化合物有多個立體中心，其中卻只有一個中心的組態相反，那又怎樣呢？

　　我們先舉一個簡單的例子，分子中只有兩個立體中心。考慮下面這對化合物：

很明顯地，它們不是同一個化合物，因為它們不能相互重疊。但是它們也**不是**對方的鏡像，因為雙方靠上方的那個立體中心的組態是相同的。既然彼此並非鏡像，當然不是鏡像異構物。那麼它們又是

什麼關係呢？它們是**非鏡像異構物**（diastereomer）。非鏡像異構物顧名思義，指的是彼此非鏡像關係，但也不能重疊的立體異構物。

我們使用「非鏡像異構物」一詞的方式，跟使用「鏡像異構物」的方式非常地相似（還記得兄弟類比吧）。我們說甲是乙的非鏡像異構物，乙也是甲的非鏡像異構物，也可以說他們都是非鏡像異構物。然而，我們提到鏡像異構物時，它們永遠是兩個一對，而非鏡像異構物卻可以形成一個較大的家族。換句話說，我們可以有 100 個彼此都是非鏡像異構物的化合物（如果有足夠的立體中心，可以造成許多不同的立體異構物的話）。

各種 E/Z 異構物（或順／反異構物）都屬於非鏡像異構物，因為彼此是立體異構物但並不是鏡像異構物：

如果有人給你看兩個立體異構物，你應該能夠決定它們是鏡像異構物或非鏡像異構物。你只須看立體中心就行了，只有在每一個立體中心的組態都彼此不同的情況下，它們才是鏡像異構物。在任何其他情況下，它們都是非鏡像異構物。

練習 7.64 請證明下面這兩個化合物彼此的關係，究竟是鏡像異構物或非鏡像異構物：

答 案 每個化合物中，各有兩個立體中心。兩個立體中心的組態在兩個化合物中都不同，所以這對化合物為鏡像異構物。事實上，如果有人給了你第一個化合物，並要求你畫出它的鏡像異構物。你可以用第一個方法──改變所有的虛線鍵和楔形鍵，得到答案。

習　　題 請證明以下各題中兩個化合物彼此的關係，究竟是鏡像異構物或非鏡像異構物。

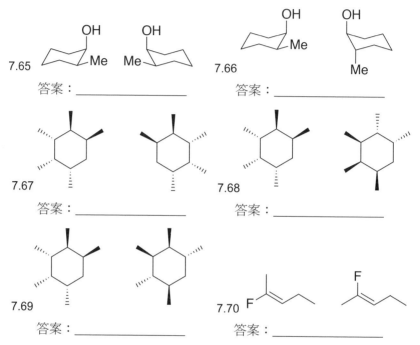

7.65　答案：_____

7.66　答案：_____

7.67　答案：_____

7.68　答案：_____

7.69　答案：_____

7.70　答案：_____

 內消旋化合物

　　這可是一個讓許多學生搞不清楚的議題。現在讓我們直接用類比方式來釐清一番，我們回到前述那對雙胞胎兄弟，兩人的外觀除了有一點之外，其他部位完全一模一樣。這唯一的一點差異是，一位兄弟的左臉頰上有個黑痣，他的兄弟也有同樣的一個痣，只不過是在右臉頰上。借由此一差別，我們才能分辨出這對兄弟的各自身分，而他們互為鏡像。讓我們進一步假設，上述這對兄弟的父母另外還育有其他雙胞胎子女，而且有許多對，所以這對雙胞胎兄弟除

了彼此之外，還有一群同胞兄弟姊妹，而且都是兩個一組的雙胞胎。每一個小孩都只有一個互為鏡像的孿生兄弟或姊妹。現在再加一個假設，那就是這對父母不知為何發生了一次意外，生育了一個一胞胎小孩，他沒有孿生兄弟或姊妹。這時你看這家人，會看到許多對雙胞胎，另加一個單獨的小孩（這小孩的臉頰上，左右各有一個大黑痣）。你去問這個小孩：你的孿生兄弟在哪兒？你的鏡中影像呢？他的回答是：我沒有孿生兄弟，而我就是我的鏡中影像。因此這個家庭的小孩總數為奇數，而非偶數。

上面這個比喻用到化合物結構問題上可以這樣說：如果是一個化合物裡有許多立體中心，它就會有一大群立體異構物（兄弟和姊妹），但是它們也將會是配成許多對的鏡像異構物（雙胞胎）。其中任一個分子都有許多非鏡像異構物（兄弟和姊妹），卻只有一個鏡像異構物（它自己的鏡像雙胞胎）。比方說，考慮下面這個化合物：

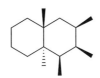

這個化合物有五個立體中心，所以它有許多非鏡像異構物（這些化合物只有部分立體中心的虛線鍵和楔形鍵與此化合物不同）。也就是說，此化合物有許多兄弟和姊妹，卻只有一個雙胞胎，也就是只有一個鏡像異構物（上面化合物的**唯一**鏡中影像）：

不過化合物有可能是自己的鏡像。在這種情況下，化合物形單影隻不會有雙胞胎，而且使立體異構物的總數從雙數變成了單數。這個

不過化合物有可能是自己的鏡像。在這種情況下，化合物形單影隻不會有雙胞胎，而且使立體異構物的總數從雙數變成了單數。這個孤家寡人的化合物就叫做**內消旋化合物**（meso compound）。如果你試著去畫出它的鏡像異構物（無論用哪一個方法），你會發現畫出來的化合物跟原先的相同。

那麼你如何知道，你面對的是內消旋化合物呢？

內消旋化合物中有一個或多個立體中心，但是它也有能夠讓自己變成本身鏡像的對稱性質。我們來考慮順-1,2-二甲基環己烷（cis-1,2-dimethylcyclohexane）這個例子。這個分子有一個把自己劃分為兩半的對稱平面，在平面左邊的部分跟平面右邊的互為鏡像：

所以，如果一個分子有**內在的對稱平面**，那麼這個分子就是內消旋化合物。如果你試著畫出它的鏡像異構物（無論用前述方法中的哪一個），將會發現畫出來的化合物跟原先的相同。換句話說，這個分子沒有雙胞胎手足，它就是自己的鏡中影像：

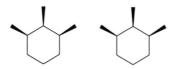

這個化合物中沒有對稱平面，卻有一個倒轉中心。如果我們把分子倒轉中心周圍的每樣東西都反轉過來，會發現得到的產物跟原來的一模一樣，根本沒有發生任何改變。化合物跟它的鏡像可以重疊，因此這個化合物是內消旋化合物。雖然這樣的例子非常少見，但也因此我們不能說，對稱平面是成為內消旋化合物的唯一要素。事實上，有一大類的對稱要素（對稱平面和倒轉中心皆屬其中）統稱為 Sn 軸，但是由於它們不在本書的範圍內，我們將不去詳究。就我們的目的而言，探討對稱平面就已綽綽有餘啦。

這兒有個辨識內消旋化合物的可行辦法：你只需要畫出一個你認為的它的鏡像異構物，然後用各種方式轉動這個新的圖形，看看能否跟原來的圖形重疊。如果兩者能重疊，則該化合物為內消旋。如果不能，你畫出的圖就是原來化合物的鏡像異構物。

練習 7.71 下圖的化合物是內消旋化合物嗎？

答案 我們試畫出上圖的鏡像，然後看看是否跟原圖相同。如果我們採用第二個方法（把鏡子放在圖的右側），我們很容易（不需要任何轉動）看出來，畫出的圖跟原圖相同：

所以它是一個內消旋化合物。

另一個更簡單的方法也會推演出同樣的結果，那就是指出該分子有一個內在的對稱平面，該平面切開了中間的那個甲基：

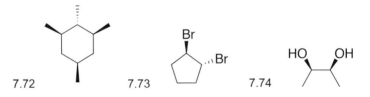

習　題 確認以下各題中的化合物，哪一個是內消旋化合物。

7.72　　　　　　　7.73　　　　　　　7.74

7.7 畫費雪投影式

畫立體中心還有一個完全不同的辦法（不使用虛線鍵和楔形鍵），這個辦法叫做**費雪投影式**（Fischer projection）。它對畫那些有一連串立體中心的分子特別好用。費雪投影式看起來如下圖所示：

$$
\begin{array}{c}
\text{COOH} \\
\text{H} \!-\!\!|\!-\! \text{OH} \\
\text{HO} \!-\!\!|\!-\! \text{H} \\
\text{CH}_2\text{OH}
\end{array}
\qquad
\begin{array}{c}
\text{COOH} \\
\text{H} \!-\!\!|\!-\! \text{OH} \\
\text{HO} \!-\!\!|\!-\! \text{H} \\
\text{H} \!-\!\!|\!-\! \text{OH} \\
\text{CH}_2\text{OH}
\end{array}
\qquad
\begin{array}{c}
\text{COOH} \\
\text{HO} \!-\!\!|\!-\! \text{H} \\
\text{HO} \!-\!\!|\!-\! \text{H} \\
\text{H} \!-\!\!|\!-\! \text{OH} \\
\text{HO} \!-\!\!|\!-\! \text{H} \\
\text{CH}_2\text{OH}
\end{array}
$$

兩個立體中心　　　　　　三個立體中心　　　　　　四個立體中心

首先我們要搞清楚這類圖形表達的意義,然後才好一步步地學會如何正確畫出它們。

使用費雪投影式時,不需要畫出每一個立體中心上的虛線鍵和楔形鍵,因而可以節省時間。雖然畫的都只是直線,不過畫圖的跟讀圖的人都知道,橫線是伸向我們的鍵,垂直線則是遠離我們的鍵。這樣的說法也許對有些人仍然霧煞煞,讓我們實際看看這是怎麼回事。請考慮下面這個以我們目前熟悉的方式畫出的分子結構(其中的 R_1 跟 R_2 代表兩個身分尚不明確的取代基,不過它們的身分在此時此地並不重要):

你得記住,所有單鍵都可以自由轉動,所以這個分子實際上可以擺出許多不同的構形。當我們轉動一根單鍵,虛線鍵和楔形鍵也會隨之改變,但這種改變並**不**影響到它的組態。換句話說,當分子進行扭轉跟彎曲動作時,組態不變。讓我們看看,轉動上例中左邊的單鍵,會發生什麼事:

你注意到轉動後,R_1 變成垂直向下,而原先在楔形鍵上的 OH 轉到虛線鍵上。重要的是,它的組態**沒有**改變,如果你對這一點不很確定,你可以用前述的標準方法,決定分子轉動前後的組態,證明它沒變。

接下來讓我們再畫這個分子的另一個可能構形。如果我們依樣

畫葫蘆地繼續轉動上例中另兩根單鍵，會得到下面這個構形：

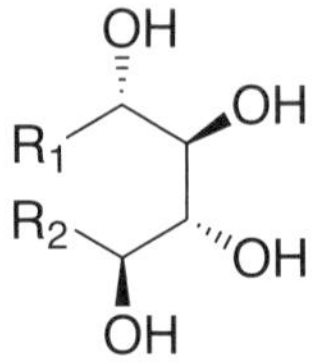

這個分子會不時地扭轉彎曲，因此這個手環似的構形只是分子眾多的構形之一。雖然分子擺出這個構形的機率非常有限（因為從統計學觀點而論，它只是許多個可能構形之一），但它卻是畫費雪投影式的根據。

現在我們想像用一根鉛筆刺穿上圖中的 R_1 跟 R_2（在下面左圖中以虛線代表鉛筆），然後捉住鉛筆的兩頭讓它旋轉 90 度，你會發現 R_1 跟 R_2 仍然停留在書頁上，但是分子的其他部分則轉到書頁的前方來啦：

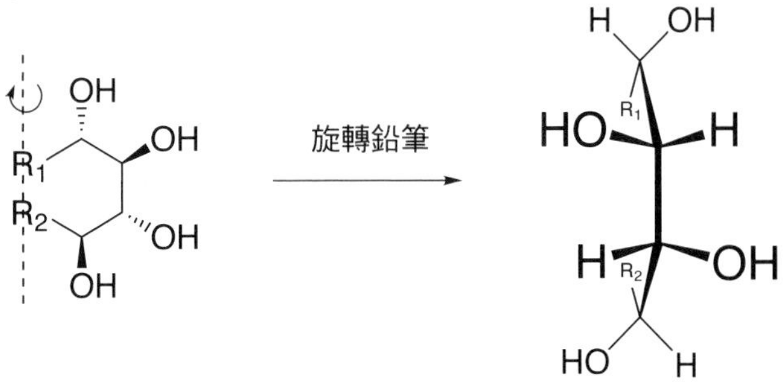

旋轉鉛筆

現在我們用想像力把分子骨架拉直為垂直線，然後用直線重畫骨架和取代基之間的連接，如下圖右：

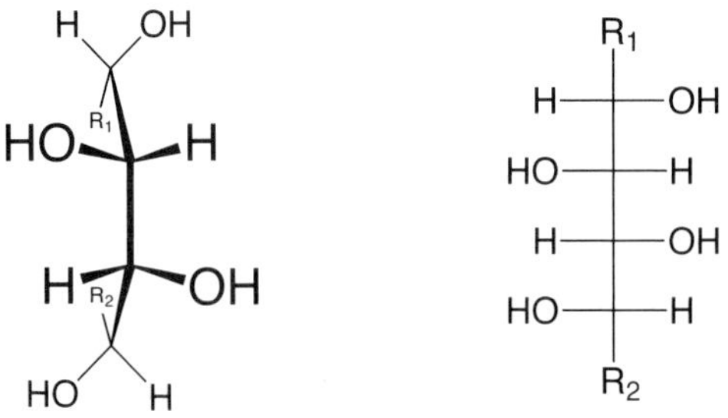

這就是費雪投影式。在費雪投影式上能看到所有立體中心的組態，因為依據它，我們可以在心中看到每個立體中心的 3D 形狀。規則很簡單，就是所有橫線都伸向你，而豎線則都遠離你：

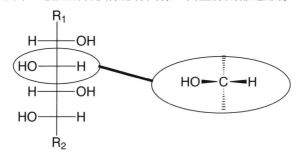

當你看著費雪投影式時，也許會覺得納悶，不知該如何決定其中任何一個立體中心的組態。費雪投影式上的立體中心如上圖右所示，是兩根虛線鍵和兩根楔形鍵，跟我們以前看慣了的兩根直線、一根虛線鍵和一根楔形鍵不同。其實答案很簡單，隨便選一根虛線鍵和一根楔形鍵，用兩根直線代替就行，選哪兩根都不會影響結果：

$$HO \overset{CH_3}{\underset{CH_2CH_3}{|}} H \ = \ HO{\blacktriangleright}\overset{CH_3}{\underset{CH_2CH_3}{C}}H \ = \ HO{-}\overset{CH_3}{\underset{CH_2CH_3}{C}}{\blacktriangleleft}H \quad 或 \quad HO{\blacktriangleright}\overset{CH_3}{\underset{CH_2CH_3}{C}}H \qquad 等等$$

一旦你有了兩根直線、一根虛線鍵和一根楔形鍵，你就應該能決定該立體中心的組態是 R 還是 S。如果你發現有困難，就應該立即回頭去複習〈7.2 決定立體中心的組態〉的那一節。

費雪投影式也可以用來畫只有一個立體中心的化合物，但是它們通常是用來表示有眾多立體中心的化合物。例如在本課程最後階段的碳水化合物討論裡，費雪投影式就用得很頻繁。

現在我們能夠了解，為何不能隨便把費雪投影式轉個 90 度，因為如果那麼做，就會改變所有立體中心的組態。然而要畫一個費雪投影式的鏡像異構物時，千萬不要因此把它放橫了事。大家習慣的

做法是前述的第二個方法（把鏡子放在該化合物費雪投影式的旁邊，然後畫出鏡中倒影）。記得我們說過，這個方法對沒有直接畫出虛線鍵和楔形鍵的化合物最適用，費雪投影式正是另一個合乎此條件的例子：

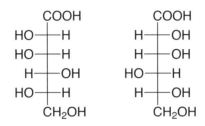

兩者互為鏡像異構物

練習 7.75 請決定下面這個立體中心的組態，然後畫出它的鏡像異構物。

$$CH_2OH$$
$$H\text{——}\underset{Me}{|}\text{——}Cl$$

答　案 首先，我們依照費雪投影式包含的意義，畫出這個立體中心上四個取代基的相對位置：

$$CH_2OH$$
$$H\blacktriangleright \underset{\vdots}{C}\blacktriangleleft Cl$$
$$Me$$

其次，我們隨意選出一對虛線鍵和楔形鍵，把它們改成直線（選誰都可以）：

$$CH_2OH$$
$$H-\underset{\vdots}{C}\blacktriangleleft Cl$$
$$Me$$

然後按照原子量大小，次序給四個取代基標上 1-4 優先數字：

由於第 4 號取代基不在虛線鍵上，我們得暫時先把它跟原來在虛線鍵上的第 3 號取代基交換，而後讀 1、2、3，發現走向為逆時鐘，組態為 S。但因為取代基位置做過交換，所以原來的組態應為 R：

現在，我們需要把它的鏡像異構物畫出來。對費雪投影式，我們得用第二個方法，也就是擺面鏡子在它的旁邊，然後把鏡中倒影畫出來：

CH₂OH   CH₂OH

H —— Cl   Cl —— H

Me   Me

鏡像異構物

習 題 請決定以下各題中立體中心的組態，然後畫出它的鏡像異構物。

Et

H —— Br

7.76   Me

```
       CH₂OH
       |
Me ————— Br
       |
7.77   Et
```

```
      O   H
       ＼／
        |
   H ——— OH
        |
7.78   CH₂OH
```

習 題 請決定以下各化合物中，每一個立體中心的組態，然後畫出它的鏡像異構物（其中的 COOH 是一個羧酸基）。

```
       COOH
        |
   H ——— OH
        |
  HO ——— H
        |
7.79   CH₂OH
```

```
       COOH
        |
   H ——— OH
        |
  HO ——— H
        |
   H ——— OH
        |
7.80   CH₂OH
```

```
       COOH
        |
   H ——— Cl
        |
  Br ——— H
        |
   H ——— OH
        |
  HO ——— H
        |
7.81   CH₂OH
```

7.8 光學活性

　　許多學生老是會把 R/S 跟＋／－弄混，所以讓我們以釐清它們的差異來作為本章的結尾。凡是具有立體中心的化合物，如果不是內消旋化合物的話就有**對掌性**（chiral）。一個對掌性化合物會有一個鏡像異構物（即不能與之重疊的鏡中影像）。當你用平面偏極光去照射對掌性化合物時，會有一件有趣的事發生。當平面偏極光穿過化合物時，偏光的平面會發生旋轉。如果這項旋轉為順時鐘方向，我們稱為＋，如果為逆時鐘方向，我們稱為－。如果我們想特別指出**消旋混合物**（racemic mixture，等量鏡像異構物的混合物），我們常常在名稱前面加上（＋／－），表示在溶液中兩個鏡像異構物都存在（以致於它們的旋光性彼此抵消）。

　　千萬不要把平面偏極光發生順時鐘方向旋轉現象，跟決定組態時取代基代表原子量次序的順時鐘方向搞混，它們之間沒有關係。在決定組態時，我們設計了一套人為規定，目的在區分兩個可能的組態。借助於這套規定，我們在交換訊息時可以明確地告知對方，我們指的是哪一個組態，而且只需使用一個字母（R 或 S）就能搞定。然而＋／－完全不同。

　　平面偏極光的旋轉（＋／－）不是人造的情況，它是實驗室內測量到的物理效應。在拿到實驗室去測試之前，我們無法預期一個化合物會是＋或－。如果該化合物的立體中心組態為 R，並不意味著它為＋，進了實驗室它一樣有可能顯示為－。事實上，一個化合物是＋或－跟溫度有密切關係。所以同一個化合物可能在某個溫度時為＋，在另一個溫度時為－，但是很顯然地是，溫度跟 R 和 S 組態無關。總之，千萬別把 R/S 跟＋／－弄混，它們是兩個獨立且不相干的觀念。

　　沒有人會希望你面對一個完全陌生的化合物時，正確地預期出它的平面偏極光旋轉方向（除了你在事前已經知道，該化合物的鏡像異構物如何旋轉平面偏極光，因為鏡像異構物對平面偏極光的旋轉方向剛好相反）。但是我們希望你能夠在看到一個完全陌生的化合物結構式時，就能決定出它的立體中心組態（R 或 S）。

第⑧章

反應機構

　　反應**機構**（mechanism）是你修習這門課程的成敗關鍵。如果能精通反應機構，你就會得到漂亮的成績，否則就有過不了關的疑慮。那麼反應機構究竟是什麼？為何它們如此重要？

　　當兩個化合物相遇，發生反應形成新產物時，我們試圖去了解反應**如何**發生。每一個反應都牽涉到電子密度的流動——藉由電子的移動，打斷原有的鍵結並形成新鍵結。反應機構說明電子在反應過程中如何移動。其中電子的流動以彎曲箭表示。比方說，

　　上圖的彎曲箭告訴我們，這反應是如何發生的。你將在本學期裡看到的各種反應，絕大部分的反應機構都被了解得很透澈（雖然至今一些反應的機構仍沒有定論）。你應當把反應機構想像成「電子會計」，正如同會計師記錄公司的現金流（所有金錢的收入與支出）

那樣，反應機構就是記錄電子的流動。

當你搞懂了一個反應的機構，你就了解這個反應為什麼會發生，知道為何會形成這樣的立體中心，以及其他種種有關的現象。反過來說，如果你對一個反應的機構搞不清楚，那麼你會發現自己被迫去強記每一個反應的諸多瑣碎細節。除非你天賦異稟能過目不忘，否則就會面對一個非常吃力又難以討好的局面。若是你改從了解反應機構著手，就比較容易能理解課程的內容，也能在腦海裡，把課程裡涉及的各種反應，做有系統的整理。

你在有機化學課程前半部學到的反應機構最重要，因為那時要嘛你一鼓作氣把畫彎曲箭跟反應機構學得非常純熟，要嘛掉以輕心，沒搞懂其中精髓。若不幸是後者，你將會在其後課程中，被所有其他反應的機構所糾纏、所苦惱，使你的有機化學經驗變成夢魘。所以一開始你就必須謹慎小心，一開始學反應機構時就透澈搞懂，如此一來之後在學習有機化學時，日子才會好過一些。

本章的重點**不在於**學習你需要知道的每一個反應機構，而是著重在介紹一些工具，這些工具能幫助你讀懂反應機構及吸取其中重要的訊息。你將學到反應機構中，彎曲箭背後的基本觀念，而這些觀念會幫助你克服你最先學到的反應機構。本章幫你設計一份清單式樣，讓你能陸續把課程中講到的反應機構記錄下來。設計這份清單的目的，是讓你可以隨手翻閱重要資訊，並且可以把這份清單當成學習指引，以準備考試。

 ## 8.1 彎曲箭

之前在第 2 章中，我們已經有不少畫彎曲箭的經驗。不過在畫共振結構時用的彎曲箭，跟畫反應機構時用的彎曲箭，在意義上有

一個極重要的差異。在共振結構中雖然畫出彎曲箭，但事實上電子並未隨之移動，我們只是假設它們發生了移動，以便把所有的共振結構畫出來。相對地，反應機構的彎曲箭的確是指實際上**電子的移動**，而電子移動會造成化合鍵的斷裂和形成（就是所謂的**化學反應**）。為何我們要強調此差異呢？原因是我們需要先弄清楚彎曲箭代表的實質意義，才能進一步談畫彎曲箭的規矩。

在學畫共振結構時，我們看到不能違背的兩大戒律：（1）永遠不許打斷任何單鍵，以及（2）永遠不得違反八隅體法則。然而在畫反應機構時，我們是在試圖了解電子到底移往何處，在哪裡造成鍵的斷開和形成，顯然在這裡打斷單鍵是可以的。而且不只是可以，事實上它幾乎發生在每一個反應中。因此當畫反應機構時，我們只要遵守一個戒律：永遠不違反八隅體法則。

現在我們已立下了一些基本規則，讓我們很快複習一下如何畫彎曲箭，以及可畫的不同型式。首先，每一根彎曲箭都各有一個箭頭和一個箭尾，重要的是這一頭一尾必須畫在正確的位置上。**箭尾得告訴我們電子打哪兒來，箭頭則指出電子往哪兒去**：

箭尾　　　　　　　　　　箭頭

所以在畫彎曲箭時，有兩件事必須做對。那就是它的頭跟尾都必須畫在正確的位置上。記住電子以兩種形式存在於軌域上，不是未共用電子對就是形成鍵。所以箭尾只能來自有電子的地方：**從鍵或是未共用電子對**而來。箭頭的指向是，**去形成鍵或未共用電子對**：總合起來，我們得到的可能情況有四種：

1. 未共用電子對 → 鍵

2. 鍵 → 未共用電子對

3. 鍵 → 鍵

4. 未共用電子對 → 未共用電子對

但最後的情況不成立，我們不能把電子從一個原子的未共用電子對推到另一個原子身上，形成另一對未共用電子對（至少不能一步達成）。所以我們只要考慮前三個可能，你看到的每一根彎曲箭都是屬於這三種可能之一。我們來看每種可能的一些例子。

從未共用電子對到鍵

考慮第 237 頁反應機構例子中的第二步，我們看到一根單鍵的形成：

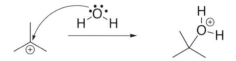

上面彎曲箭的尾巴是從氧原子上的未共用電子對出發，箭頭則指向氧跟碳之間將形成的鍵。由於上面的畫法是把箭頭直接指向碳原子，看起來電子**彷彿是**從未共用電子對到未共用電子對，但其實它們不是。從氧原子上未共用電子對而來的電子，形成了氧與碳之間的鍵。如果上面的畫法讓你覺得不滿意，有個變通辦法可以把真相說得明白些：

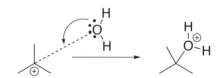

圖中的虛線代表即將形成的單鍵，我們把彎曲箭的箭頭指向虛線，就能清楚地表示出電子是用來形成單鍵。所以如果你看到前面那種畫法（電子看起來似乎是移到另一個原子上，而非形成鍵）時，千萬別被搞糊塗，它真的只是要形成單鍵而已。

從鍵到未共用電子對

考慮上面反應機構例子中的第一步,其中有一根單鍵被打斷:

彎曲箭的箭尾是在單鍵上,箭頭則是指向氯原子,在氯原子上形成一對未共用電子對。這對電子原先由一個碳原子跟這個氯原子分享,之後兩個電子都跑到氯原子上,所以碳原子在過程中失掉了一個電子,氯原子則得到了一個電子。所以結果顯示,碳上出現了一個正電荷,氯獲得了一個負電荷。

順便一提,帶有一個負電荷的氯原子叫做氯離子(Cl^-)。在這個反應裡,分子脫去一個氯離子,形成了一個**碳陽離子**(carbocation, C^+)。

從鍵到鍵

看看下面這個例子裡的第一根彎曲箭,它表示我們用 π 鍵上的一對電子去攻擊一個質子(H^+),而在過程中踢掉了 Cl^-:

第一根彎曲箭的箭尾放在 π 鍵上,箭頭則是指出,要在碳原子和質子之間形成鍵。

你應注意到上例中有兩根彎曲箭,第一根彎曲箭表示的電子移動,是從一根鍵到另一根鍵,第二根彎曲箭則是從一根鍵到形成一

對未共用電子對。所以在同一步的反應機構中，可以有一型以上的彎曲箭共同存在。

事實上，在同一步反應機構中，全部三型的彎曲箭都可以共同存在。請看下例：

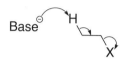

注意，上圖中 Base 代表鹼，而電子密度進行了長距離的流動，要動用三根彎曲箭才足以說明。第一根箭的尾巴在最左邊的鹼上，因為那兒就是電子流動的起點，這根箭是從一對未共用電子對，去形成一根鍵。接下來的第二根箭則是從一根鍵去形成一根鍵。最後第三根箭則是從另一根鍵去形成最右邊 X 上的一對未共用電子對。這一種型式的反應叫做**脫除反應**（elimination reaction），原因是它**除去** H^+ 和 X^-，形成一根雙鍵：

注意上圖中的三根箭都是從分子的一端流動到另一端。所以千萬不要在同一個圖形裡，畫出兩根方向相反的箭，因為那樣子不合邏輯。請看下面這個例子，你就會明白我的意思：

上面這種型式的反應在有機化學課程的後段才會出現，不過且讓我們現在以它為例。我們注意到這個反應機構分為兩個步驟，在第一

個步驟裡，我們有兩根彎曲箭：分別是從一對未共用電子對去形成一根鍵，再從另一根鍵去形成一對未共用電子對：

鍵變成未共用電子對

未共用電子對變成鍵

第二個步驟也有兩根彎曲箭：同樣分別從一對未共用電子對去形成一根鍵，以及從另一根鍵去形成一對未共用電子對：

未共用電子對變成鍵

鍵變成未共用電子對

如果考慮整個反應，我們注意到 OH^- 取代了 Cl。如果我們仔細追蹤電子的流向，會看到啟動攻擊的是 OH^- 離子上的負電荷。在反應機構的第一步，這個負電荷先暫時向上流動到 C＝O 的氧原子上，然後再向下回流並把 Cl^- 離子踢除：

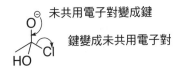

電子向上流動　　　　　　　電子向下回流

當考慮整個反應的電子流動過程時，我們也許會很想把上述兩步合而為一，畫成如下模樣：

但是這樣畫不行，因為裡面有兩根方向相反的箭：

前面說過，千萬不要讓兩根方向相反的彎曲箭出現在同一個圖形裡，因為那會暗示電子**同時**朝相反的方向流動，而這是不可能的。在這個反應裡，實際情形是電子首先朝上流動，然後才掉過頭朝下流動，所以我們必須把它分開來畫成兩步：

電子向上流動　　　　　　　　　電子向下回流

在練習畫彎曲箭之前，我們需要確定自己能認得出彎曲箭的三種不同型式。這很重要，因為唯有如此你才能熟識可接受的彎曲箭型式。

練習 8.1 檢視下面這個例子，把你見到的每一根彎曲箭，歸類為以下三種型式之一：

1. 鍵 → 鍵
2. 鍵 → 未共用電子對
3. 未共用電子對 → 鍵

答　案 左邊的第一根彎曲箭，是把一對未共用電子對從氧原子

上移動到氧跟碳之間，形成一根鍵。所以這根彎曲箭的型式為未共用電子對 → 鍵。

第二根彎曲箭則是從一根鍵去形成一對未共用電子對，所以它的型式為鍵 → 未共用電子對。

習　　題 檢視下面各題中的例子，把你見到的每一根彎曲箭，分別歸類到上述三種型式之一。

8.2

8.3

8.4

8.5

8.6

8.7

8.2 箭的畫法

在知道哪幾種彎曲箭可以接受之後，我們就可以開始練習去畫它們。要畫之前，我們要學會分析反應機構，以及訓練我們的眼睛看出分子中所有的未共用電子對和鍵。由於我們說過，彎曲箭的起

始點（箭尾）跟結束點（箭頭）都是未共用電子對或鍵，所以我們需要能看得出反應機構的一步裡，有哪對未共用電子對或哪根鍵發生了變化。讓我們以實際例子來做說明。

練習 8.8 請畫出每一步中的適當彎曲箭，以完成下面這個反應機構：

答案 我們得找出哪些未共用電子對或哪些鍵發生了變化。在第一步裡，我們注意到分子中的雙鍵消失不見，原先雙鍵一端的碳原子跟一個質子(H^+)形成了一根鍵。同時我們切斷了 H–Cl 的鍵結，釋出 Cl^- 離子。所以，我們破壞了兩根鍵（C＝C 和 H–Cl），形成了一根鍵（C–H）和（Cl 上的）一對未共用電子對。顯然我們需要兩根彎曲箭來顯示出這些變化。那麼該打哪兒著手呢？

記住，電子密度只能朝一個方向流動。在上述例子裡，我們很容易看出這個流動方向，因為到頭來我們看到分子的一端出現一個正電荷（缺少一個電子），而在氯原子上形成了一個負電荷（多出一個電子），我們可以從這些資訊知道電子的流動方向。所以第一根箭需要從雙鍵去形成一根連接質子的鍵（從鍵到鍵），然後我們需要第二根箭，表示鍵從 H–Cl 上推到氯原子上，形成一個負電荷（從鍵到未共用電子對）：

接下來的步驟中，我們再次得找出未共用電子對或鍵上的變化，我們

看到氯放棄它的一對未共用電子對，去跟碳（C⁺）形成鍵結。所以
這一步只需要一根彎曲箭，型式是從未共用電子對去形成鍵：

習題 請畫出所有適當彎曲箭，來完成下面各題中變化之反應
機構。

8.9

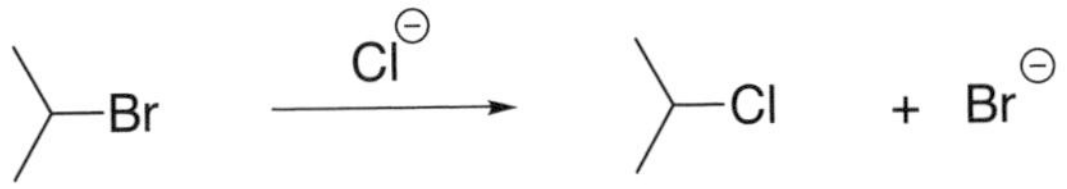

8.10

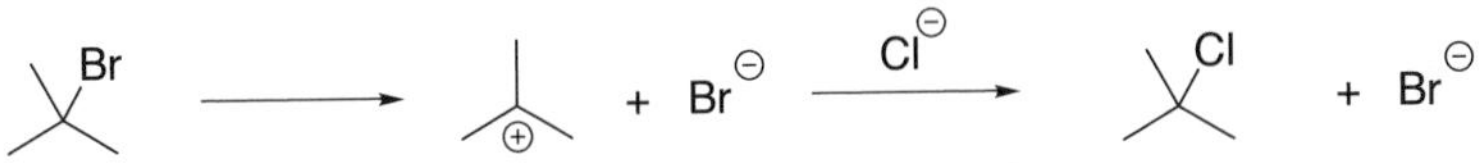

8.11

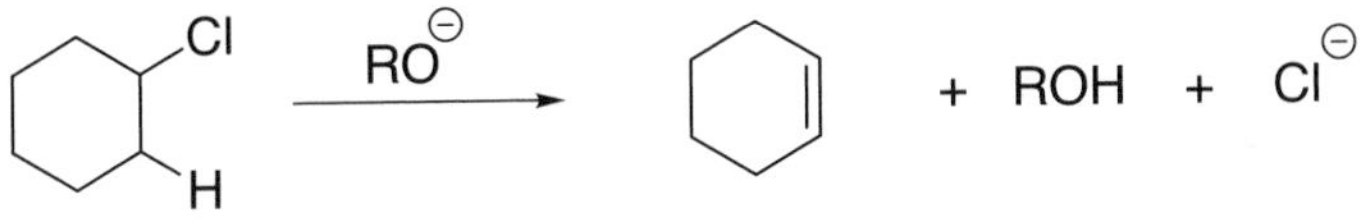

8.12

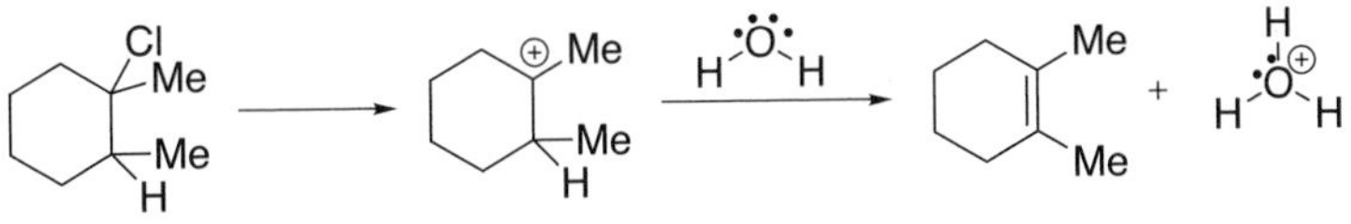

請考慮上面習題 8.12 的第二步，在氧上的一對未共用電子對抓住質
子，把質子從分子上拉走，而形成了一根雙鍵：

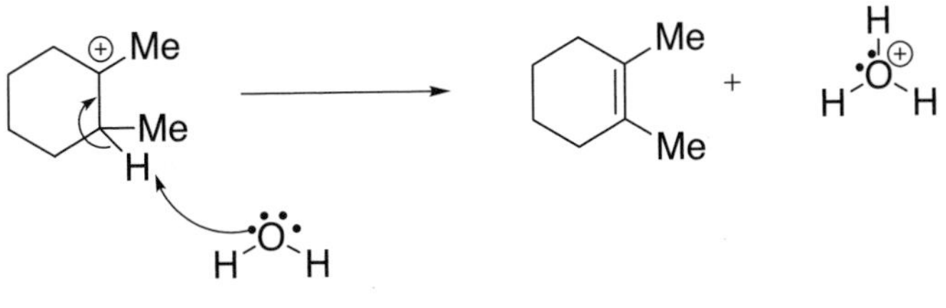

有個重點要切記，那就是彎曲箭告訴我們電子的流動方向，而不是原子的去向，許多學生經常會犯下面這個錯誤：

學生之所以這麼畫，是因為心裡想把 H 的去向表示出來，但是這樣做並不合乎規定。所以讓我再次提醒，彎曲箭只能用來表示**電子的移動**，而不是原子的轉移。H 移動是因為來自氧原子的電子把 H 抓了過去。

8.3 畫中間產物

現在我們知道不同型式的彎曲箭跟它們的畫法，接下來我們需要練習如何依據所給的彎曲箭，畫出**中間產物**（intermediate）。什麼是中間產物呢？它是在反應繼續進行下去之前，非常短暫地出現的化合物。讓我們用一個譬喻來說明。想像你正試圖去爬一座山，而天氣非常寒冷（氣溫在冰點以下）。你戴著一頂罩住耳朵的帽子，免得耳朵被凍壞，只是它太過寬鬆，一有風吹過來你就必須趕緊用手去按住，不然帽子就會被風吹走。你的朋友看到你這副狼狽的模樣，把一頂備用帽子拿出來借給你。接下來你得把頭上的帽子先拿下來、戴上朋友提供的新帽子。就在你頭上沒帽子的那一刹那，有人按下了快門。照片洗印出來之後，看起來的確很奇怪，天寒地凍中，似乎就只有你老兄不怕冷，沒戴帽子。其實你沒戴帽子的時間了不起只有 3 秒鐘，但已足夠讓人照了下來。化學反應的中間產物

跟這照片很類似。

中間產物是讓起始物質變成產物的化學反應過程中，一度出現過的中間結構。它們不會存在很久，你無法把它們分離出來，儲藏在瓶子裡面展示給人看。但它們的確生存了一段極短暫的時間，它們的結構式對了解反應的下一步很重要。回到上述那個類比例子，如果叫我看到了那張你沒戴帽子的照片，而我也知道那座山上是多麼寒冷的話，那麼我可以預期你照了那張照片後，一定馬上戴上帽子。我之所以知道，是因為我能立即覺察到你的不適，推斷你一定會戴上帽子，才可以緩和你的困境。

中間產物的情況也是如此，如果我們能看到中間產物，並看出它不穩定的部分，那麼我們就能知道有哪些辦法可以緩和它的不穩定性。如此我們就能根據對中間產物的分析，正確地預測出反應的產物。這就是中間產物為何重要的原因

有了這項認知後，讓我們來練習畫中間產物。如果你仔細查看反應機構的任一步，你會了解彎曲箭已經精確地告訴你如何畫出中間產物。由於你知道每一根彎曲箭都不出三種型式（本章前一節），如今你得學會，如何把彎曲箭當作指路標示，畫出中間產物。下面請看一例：

让我们看上圖的彎曲箭，第一根箭是從一對未共用電子對去形成一根鍵，箭表示**親核基**（nucleophile, Nuc，任何具有豐富電子的物質）上的一對未共用電子對，跟一個碳原子形成一根鍵。第二根箭是從一根鍵到一根鍵，而第三根箭則是從一根鍵形成一對未共用電子對。整體說來，這幾根箭告訴了我們如何畫出該中間產物：

　　其中最棘手的部分是把形式電荷標示得正確無誤。如果你發覺在標示形式電荷時有困難，那麼你需要回頭去複習本書第 1、2 章中，有關形式電荷的部分。指出正確的形式電荷對畫中間產物非常重要。若畫出了中間產物的結構，卻漏掉了該有的形式電荷，就如同在上述的相片中，用電腦把照片裡的雪景全給去除。看不到雪，我就不知道天氣有多寒冷，當然無法預測到你在照相之後，會馬上戴上帽子。如果你沒有把中間產物的不穩定性源頭畫出來，這張圖又有何用呢？

　　當你面對由一連幾根彎曲箭所表示的電子流動（如上例），記住有個訣竅可以幫你的忙。我們注意到形式電荷的出現，僅發生在電子流動系統的第一個和最後的一個原子上。在上例中，親核基用掉一對未共用電子對，跟碳原子形成鍵結，因而失去了原有的負電荷。在此系統的另一端，由於一根鍵變成了氧原子上的一對未共用電子對，使氧原子得到了一個負電荷。其次我們要注意電荷守恆。如果在反應發生之初，分子結構的總電荷為一個負電荷，那麼在反應結束時，它的總電荷仍然會維持為一個負電荷。如果某樣東西開始時不帶電荷，在反應中它有可能分裂成一個負電荷和一個正電荷，因為它們的**總**電荷依然守恆。

練習 8.13 請依照下圖中彎曲箭的指示，畫出電子移動後得到的中間產物：

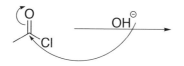

答　案 我們需要把圖中兩根彎曲箭當作路線標示：第一根箭從 OH⁻ 上的一對未共用電子對出發，跟 C＝O 中的碳原子鍵結。第二

根箭則從 C ＝ O 鍵移往氧，形成氧上的一對未共用電子對。所以依
照兩箭的指示，畫出的中間產物如下：

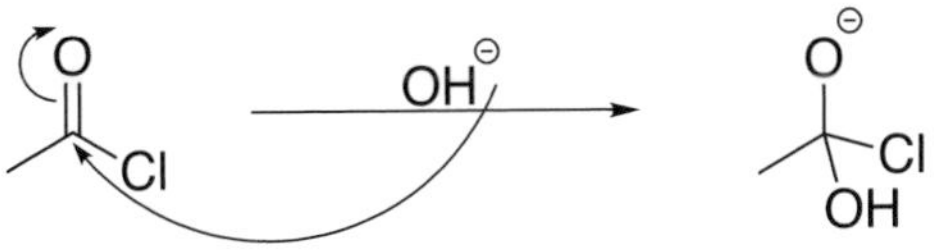

其中困難的部分是得把中間產物應有的形式電荷標示出來。我們注意
到，這兩根彎曲箭是連續的電子流動，一開始有一個負電荷，所以結
束時我們必須得維持一個負電荷。這個負電荷在電子流的第一個原子
身上出現，終點在電子流的最後一個原子（即氧）身上。

習 題 請依照以下各題圖中彎曲箭的指示，分別畫出電子移動
後所得到的中間產物。

8.14

8.15

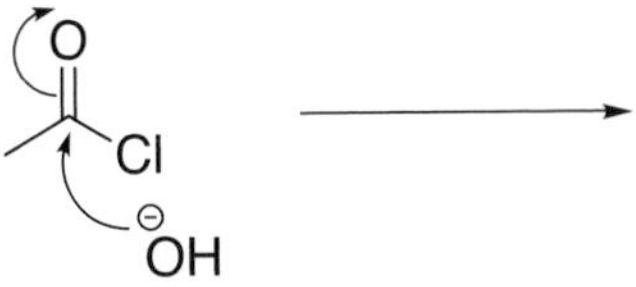

8.16

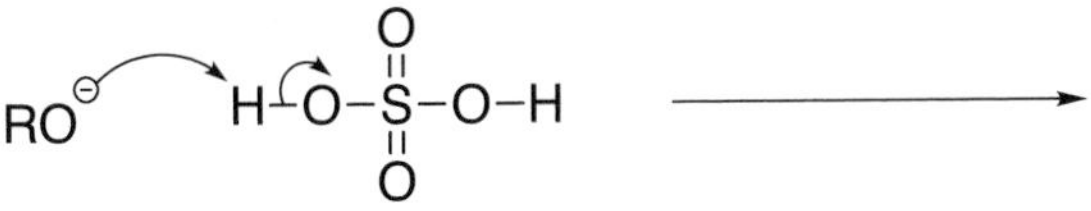

8.17

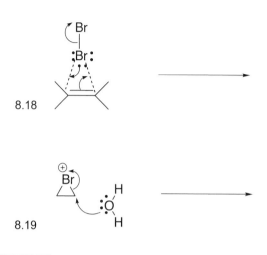

8.18

8.19

 親核基及親電子基

當化合物以電子攻擊另一個化合物時，我們稱攻擊者為**親核基**，被攻擊者為**親電子基**（electrophile）。它們非常容易區分，你只要觀察彎曲箭，看誰在攻擊誰就行了。親核基永遠是用它的高電子密度區（未共用電子對或鍵）去攻擊親電子基（就是有個可被攻擊的低電子密度區）。以上所說的都是你需要記住的重要行話！現在讓我們確定能認出親核基和親電子基。

練習 8.20 在下面這個反應中，請指出哪一個化合物是親核基、哪一個化合物是親電子基：

答 案 彎曲箭告訴我們，OH 在攻擊 C＝O 鍵，所以 OH 是親核基，而另一個化合物則是親電子基：

$$
\begin{array}{c}
\text{O} \\
\text{親電子基} \\
\text{Cl} \\
\ominus\text{OH 親核基}
\end{array}
$$

習 題 在以下各題的反應中，請指出哪一個化合物是親核基、哪一個化合物是親電子基。

8.21

8.22

8.23

8.24

8.5 鹼槓上了親核基

學生們通常都搞不清楚親核基跟鹼之間有什麼不同。由於大部分的反應機構裡面都會牽涉到各種親核基跟不同的鹼，所以值得我們對它們的差別做澄清。

我們考慮氫氧根離子（OH⁻），有的時候它扮演鹼的角色，從另一個化合物上拽下一個質子：

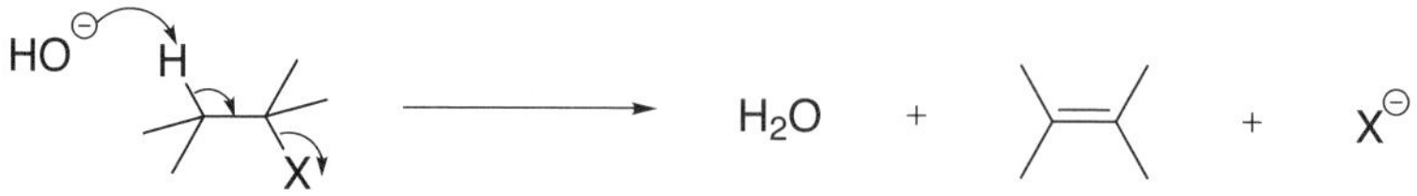

然而有時候，它扮演親核基的角色，去攻擊另一個化合物（並且跟化合物形成鍵結）：

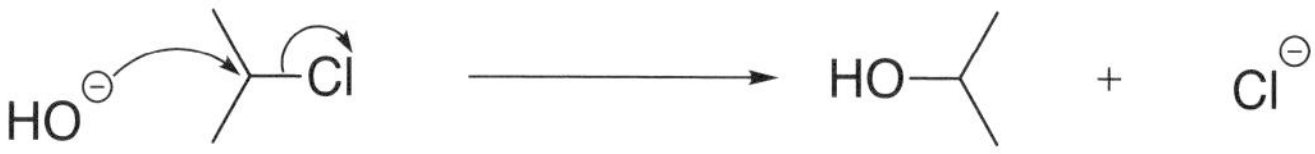

所以**鹼度**（basicity）和**親核基性**（nucleophilicity）的差別是在**功能**上的不同。換句話說，氫氧根離子可以發揮兩種作用：作為鹼（意指它把質子從別的化合物上拉下來，然後跟質子一塊離去）或當作親核基（向化合物趨近並與之結合）。在某些情況下，氫氧根離子的大部分工作是在扮演鹼，而另一些情況下，它的功能主要是當作親核基。要清楚了解各種反應機構，能夠區分氫氧根離子的這兩個角色很重要。讓我們來看一個例子。

練習 8.25 下圖是一個反應機構的頭兩步，每一步都有氫氧根離子的參與。請問在這兩個步驟裡，氫氧根離子的功能角色是親核基或是鹼：

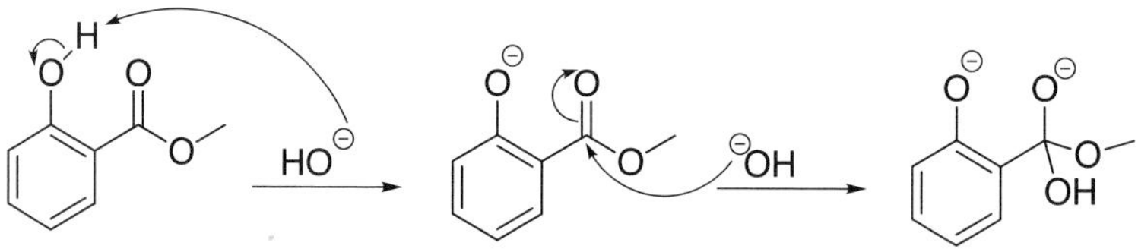

答案 在第一步裡，氫氧根離子把分子上的一個質子拉掉，所以它的作用像是鹼。在第二步裡，它攻擊 C = O，並且與之鍵結，因此它的作用像是親核基。

習 題 在以下各題中,請問氫氧根離子的功能分別是親核基或
是鹼?

8.26

答案:＿＿＿＿＿＿＿＿＿＿＿＿＿＿＿

8.27

答案:＿＿＿＿＿＿＿＿＿＿＿＿＿＿＿

8.28

答案:＿＿＿＿＿＿＿＿＿＿＿＿＿＿＿

8.29

答案:＿＿＿＿＿＿＿＿＿＿＿＿＿＿＿

習 題 在以下兩題中,請問甲氧基離子（MeO⁻）的功能是親
核基或是鹼?

8.30

答案:＿＿＿＿＿＿＿＿＿＿＿＿＿＿＿

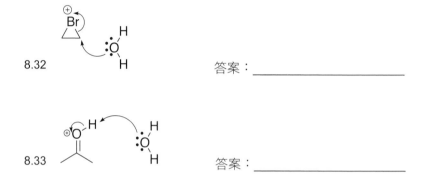

8.31　　　　　　　　　　　　　答案：＿＿＿＿＿＿＿＿＿＿＿＿＿＿＿

習　題 在以下兩題中，請問水的功能是親核基或是鹼。

8.32　　　　　　　　　　　　　答案：＿＿＿＿＿＿＿＿＿＿＿＿＿＿＿

8.33　　　　　　　　　　　　　答案：＿＿＿＿＿＿＿＿＿＿＿＿＿＿＿

　　此外，親核基和鹼之間還有一層值得提出的微妙差異，因為它說明了有機化學中一項很普遍的主題，藉著定義親核基性和鹼度我們可以看出其間差異。

　　一旦決定了某樣**反應試劑**（reagent）的功能為親核基之後，我們可以測量它作用的速度，也就是所謂的**親核基性**。換句話說，反應試劑的親核基性是指它攻擊其他化合物的速度**有多快**。比方說，我們從上面最後兩題中看到，水也可以當作親核基使用，原因是水分子上有兩對未共用電子對，可以用來攻擊別的化合物。但是相形之下，氫氧根離子的親核基性顯然更高——它有一個負電荷，所以能**更快速地**攻擊別的化合物。

　　鹼度量計鹼的強度（或鹼的不穩定度），方法是看與**反應平衡的位置**。**鹼度**這個詞並不反映平衡的達成有多快，它可以是一剎那就

達成，也可能需要數小時之久，但反應時間長短跟鹼度無關，因為我們要量的不是反應的速度，而是平衡的穩定性跟位置。

　　現在我們可以了解親核基性跟鹼度的不同，親核基性量計事情發生的速度，屬於**動力學**，鹼度量計反應物的穩定性跟反應平衡位置，屬於**熱力學**的範疇。在有機化學課程裡，你將會看到許多藉由動力學觀念決定產物的反應。事實上在一些場合裡，你甚至看到動力學和熱力學這兩個因素同時存在，彼此競爭，你得判斷誰占上風。

　　所以親核基跟鹼之間的差別，除了在於功能不同之外，我們還認識到，親核基性是動力學現象（反應速率）的量計，而鹼度是熱力學現象（穩定性）的量計。

8.6 反應機構內包含了區域選擇性

　　區域選擇性（regiochemistry）指的是反應選在何處發生，也就是說，反應會在分子的哪個區域裡進行。讓我們來看看，代表幾個不同型式反應的例子，過程中我們還將發現、並學到一些跟各型式反應有關的術語。

　　首先讓我們考慮各種脫除反應，當我們去除掉了分子中的 H 和 X（X 是 Cl 或 Br 等，可以攜帶一個負電荷離開的離去基），雙鍵可能會出現在不同的位置上。怎麼說呢？請考慮下面這個化合物：

這個化合物可以發生兩種不同的脫除反應（雖然一般鍵─線圖並不會把主鏈上的 H 畫出來，但是為了容易辨識起見，這兒我們特地把兩個反應中遭到去除的 H 給畫出來）：

第一種可能

→ + Base–H + Cl$^{\ominus}$

第二種可能

→ + Base–H + Cl$^{\ominus}$

雙鍵在哪兒形成呢？這問題牽涉到區域選擇性。我們可以用生成的雙鍵兩端，共有幾個取代基來區分這兩個可能性。雙鍵兩端加起來共可以有 1 到 4 個取代基：

單取代　　　　雙取代　　　　三取代　　　　四取代

所以回頭去看上面的脫除反應，我們發現兩個可能生成的產物中，一個為單取代基的雙鍵，另一個為雙取代基的雙鍵。請記住，凡是遇到可能生成兩種雙鍵產物的脫除反應時，我們會根據產物的取代基總數來命名它們。取代基數目較多的叫做**柴澤夫產物**（Zaitsev product），而較少的則叫做**霍夫曼產物**（Hoffmann product）。通常我們多會得到柴澤夫產物，但是在某些特殊情況下也會得到霍夫曼產物。以後當教科書討論到脫除反應的章節中，你會學到其中種種有關細節。目前你只需要知道，此處牽涉到區域選擇性的問題，而且柴澤夫產物跟霍夫曼產物的差異，跟雙鍵生成的位置有關。而這就是區域選擇性。

　　讓我們再考慮另一個區域選擇性的例子，這是完全不同型式的反應。這個例子是把 HCl 加到雙鍵上的**加成反應**（addition reaction）：

第一種可能

Cl在取代基數目
較少的碳上

第二種可能

Cl在取代基數目
較多的碳上

如上所示，把 H 跟 Cl 加到雙鍵上有兩種可能方式。那麼我們實際
得到的究竟是哪一個呢？

其中的一種可能是把 Cl 加到取代基數目較少的碳原子（這個
碳原子與另兩個碳相連）上，另一種可能是把 Cl 加到取代基數目
較多的碳原子（這個碳原子與另三個碳相連）。這兒牽涉到另一對
術語，那就是把 Cl 加到取代基數目較多的碳原子上時，我們稱為
馬可尼可夫加成（Markovnikov addition）。若是把 Cl 增加到取代基
數目較少的碳原子上時，稱為**反馬可尼可夫加成**（anti-Markovnikov
addition）。那麼我們如何知道，實際發生的是馬可尼可夫加成或是
反馬可尼可夫加成？這就是另一個區域選擇性問題了。

我們分析上例可能導致的兩個結果。它們的第一步都是牽涉到
雙鍵上的電子去攻擊 HCl 的質子，並形成一個碳陽離子（攜帶一個
正電荷的碳原子），兩個可能反應的差別是產物中碳陽離子的位置：

第一種可能

較不穩定

第二種可能

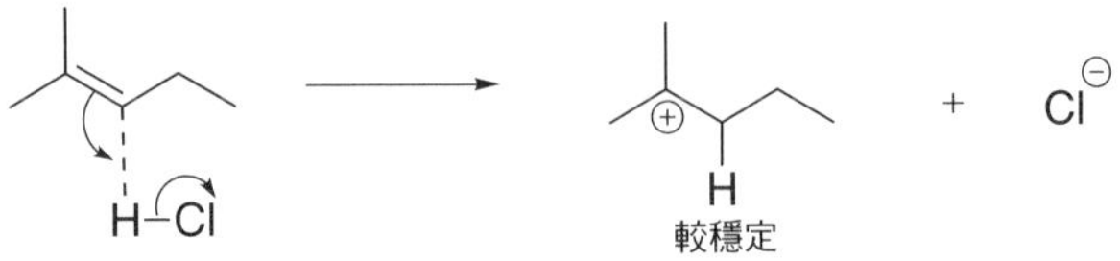

我們記得烷基（亦稱烴基）是電子授與者，有穩定正電荷或陽離子的效果，所以上圖下方的碳陽離子（稱作三級碳陽離子，因為它上面有三個烷基）比它上方的那個碳陽離子（稱作二級碳陽離子，因為它上面有兩個烷基）穩定：

三級（較穩定）　　　　　二級（較不穩定）

因此第二可能是較佳的反應機構（因為它有一個較穩定的中間產物）。如果追蹤第二可能反應機構的下一步，我們看到 Cl 會去攻擊碳陽離子，而碳陽離子所在位置是在取代基較多的碳上：

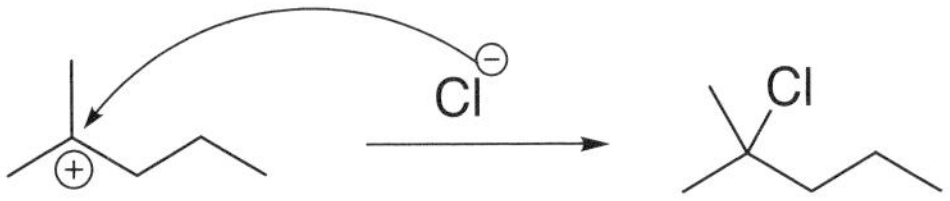

這兒我們看到，氯原子的最後位置取決於中間產物碳陽離子的穩定度。這種情形在我們討論反應機構的過程中會愈來愈明顯，由於氯終於跑到取代基較多的碳原子上，我們稱為馬可尼可夫加成反應，而這個反應機構解釋了為何出現這樣的區域選擇性。

　　有時候區域選擇性並不會造成問題，比方說，如果我們把兩個氫原子加到雙鍵的兩端，那麼哪一端得到第一個氫都不會讓最後的產物有所不同，因為一前一後都是氫原子。同樣地，如果我們加兩個 OH 取代基到雙鍵的兩端，也用不著考慮區域選擇性的問題。

　　接下來讓我們再回到反應機構上。不論我們談論的是柴澤夫跟

霍夫曼兩種脫除反應產物，或者是有關馬可尼可夫跟反馬可尼可夫加成反應，反應機構中都包含了區域選擇性。如果我們透澈了解反應機構，就會了解為什麼有這種區域選擇性。因此只要能了解反應機構，就不必去強記每一個反應的區域選擇性。每當你遇到一個反應時，都應該斟酌該反應的區域選擇性，以及從反應機構中去找出區域選擇性的解釋。

習題　之後在修有機化學時，你將會陸續學到以下各種反應機構，同時你也會學到解決下面各問題所需的區域選擇性。做下面這些問題是要你能確實掌握區域選擇性的意義。

8.34　請檢視下圖中的反應，如果你有意把 HBr 加到雙鍵上，那麼反應產物會是什麼？假設它是一個馬可尼可夫加成反應。

8.35　如果你在有過氧化物（R-O-O-R）在場的情況下，重複上面的反應，你會得到把 HBr 加到雙鍵上的反馬可尼可夫加成反應。請畫出反馬可尼可夫加成反應的產物。

8.36　請檢視下面這個使用強鹼的脫除反應，產物將會是一根雙鍵。這個反應將會產生兩個柴澤夫產物，其中之一的組態是順（cis），另一為反（trans）。請畫出這兩個產物，並確認哪一個為順、哪一個為反。

8.37　請檢視下面圖中所示的脫除反應，它用有立體阻礙的強鹼

LDA（二異丙胺鋰，lithium diisopropylamide），產物將會是一根雙鍵。反應將會產生霍夫曼產物，請畫出這個產物。

 8.7 反應機構內包含了立體化學

　　立體化學談論的是分子中，各立體中心的組態（R 或 S）、以及其中雙鍵的組態（E 或 Z）。每當有會形成立體中心的反應時，我們需要去問，得到的產物是否為消旋混合物（等量的 R 與 S），或只是某種組態？如果只是某種組態的話，原因為何？當反應形成了雙鍵，我們需要問產物中，是否 E 跟 Z 兩種同分異構物都有，或是只有其中之一？若只有一種的話，原因又為何？

　　這些資訊跟上節討論的區域選擇性一樣，也是屬於反應機構的一部分。讓我們舉例說明，首先看一個把兩個 Br 加到一根雙鍵兩邊的加成反應。我們已經了解，對於兩個相同取代基的加成反應，我們無須顧慮區域反應性。但是立體化學呢？事實上加成後，我們造成了兩個新的立體中心：

每一個立體中心有兩個可能的組態（R 或 S）。由於上面這個產物有兩個立體中心，可能的組態總數為四個：SR、RS、RR 和 SS，也就是代表兩組鏡像異構物的四個化合物：

一組鏡像異構物，其中兩個Br在環的同一邊　　另一組鏡像異構物，兩個Br分別在環的相對兩邊

事實上我們能得到幾個產物呢？是兩組鏡像異構物（全部四個化合物都現身）還是只有一組呢？這得看當時反應如何發生。

一般說來，如果某個反應只能夠經由**順式加成**（syn addition，亦稱同側加成）的機構進行，那麼我們加上去的兩個取代基必然只出現在雙鍵的同側，因此只會得到一組鏡像異構物：

如果反應只能夠經由**反式加成**（anti addition，亦稱為反邊加成）的機構進行，那麼加上去的兩個取代基必然不在雙鍵的同一側，因此只會得到另一組鏡像異構物：

有時候，反應並非**立體選擇性**（stereoselective）。換句話說，順式加成與反式加成會同時進行，結果可以得到全部四個產物（包括兩組鏡像異構物）。

每一個反應其實各不相同，有些只能進行順式加成，有些只進行反式加成，其餘則沒有立體選擇性。在面對每個不同加成反應時，我們有需要知道該加成反應的立體化學，而這方面的資訊也是屬於反應機構的一部分。

所以讓我們再回到上面的例子，把兩個 Br 加到雙鍵的兩邊。這

個反應是反式加成，所以我們只得到一組鏡像異構物，其中的兩個 Br 分別出現在環的兩側：

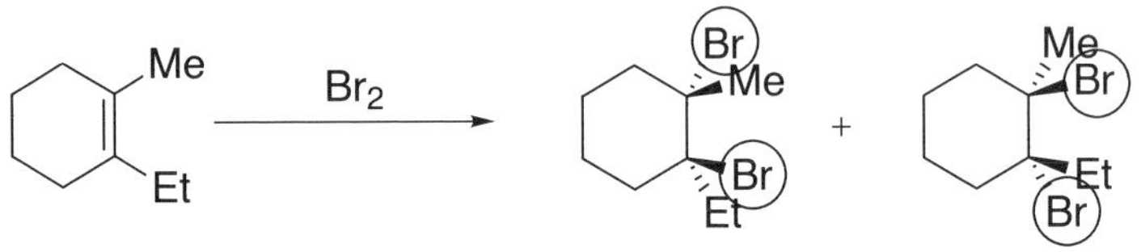

為什麼會有如此結果？我們來看它的反應機構就會明白了。原來反應的第一步是形成一個架橋的中間產物，**溴陽離子**（bromonium ion）：

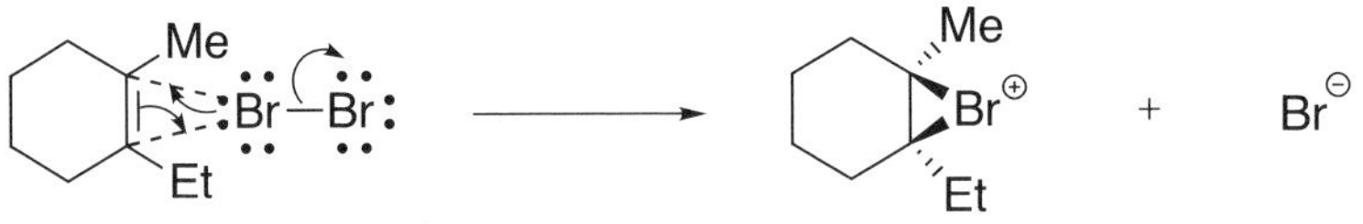

在這個步驟裡，雙鍵是親核基，去攻擊 Br₂（在反應中擔當親電子基的任務）。其中兩根彎曲箭並非方向相反——它們實際上是繞著小圈子轉，形成了環。

然後在下一步裡，**溴陰離子**（bromide，在第一步裡生成）回頭攻擊溴陽離子，拆開了剛形成的橋。溴陰離子可以攻擊溴原子旁兩個碳原子中的任何一個（兩個可能都畫在下面）：

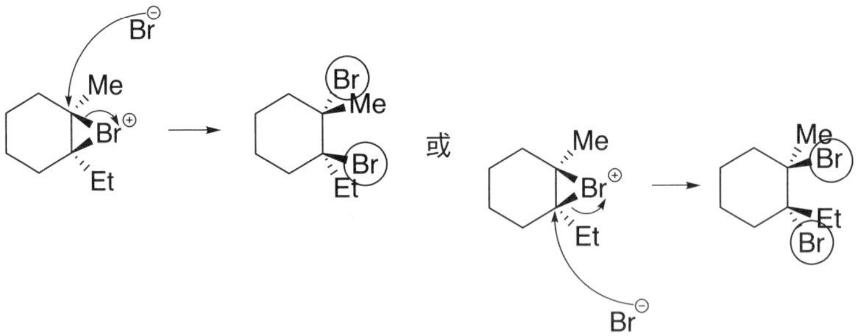

溴陰離子發動攻擊時，它必須從環的另一邊欺上來（跟溴陽離子橋
不同邊），去打斷橋鍵，所以加成反應必然是**反式加成**。

　　你瞧，反應機構說明了為什麼它一定是反式加成反應。同樣
地，對每一個反應來說，反應機構都能解釋其中的立體化學。

習題 **8.38** 在上述反應裡面，我們看到第一步牽涉到溴陽離子的形
　　　　　成：

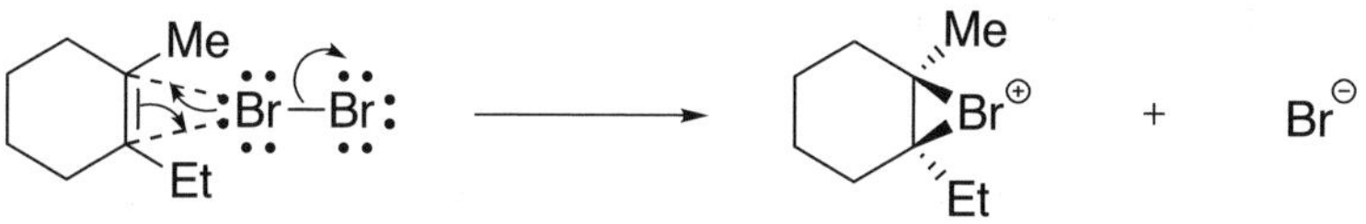

從上圖我們注意到，溴陽離子橋顯然是朝我們而來（在楔形鍵上）。
但是我們忽略了同時它也可能形成一個離我們而去（在虛線鍵上）
的溴陽離子橋：

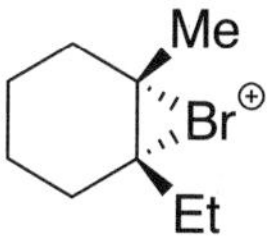

我們之所以當時沒提，是因為它的最終產物，跟以我們之前得到的
並無差別。如果溴陰離子（Br⁻）攻擊上面這個溴陽離子，請畫出會
發生什麼。記住溴陰離子可以攻擊的碳原子有兩個，所以請把兩個
可能都畫出來：

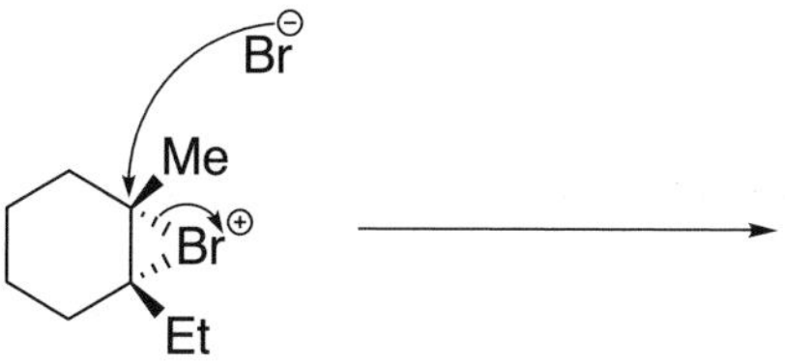

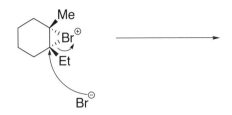

當你把兩個產物都畫出來後，跟前面的兩個產物（來自楔形鍵上的溴陽離子）比較，你應該發現它們完全沒差別。原因何在？記住這個反應只能進行反式加成。

　　每一類新的反應（加成、去除、取代等等）都各自有一些專用的立體化學術語，在你今學習每一類的反應時，要特別注意它們描述立體化學的術語。然後檢視各類別的每一個反應，試著了解，為何這個反應機構支配了它的立體化學。

　習 題 對以下各題中的反應，你遲早都將會（在有機化學課程裡）學習到它們的反應機構。同時你也會學到其中有關立體化學的資訊，這些資訊能幫助你解決下面這些問題。這些問題的設計是要確定你懂得立體化學的意義。

8.39　如果你在一個順式加成反應裡，給下面這個分子的雙鍵兩端加上 OH 跟 OH，會得到怎樣的產物？

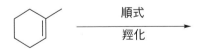

8.40　如果你在一個反式加成反應裡，在下面這個分子的雙鍵兩端加上 Br 跟 Br，會得到怎樣的產物？

8.41 如果你在一個反式加成反應裡，給下面這個分子的雙鍵兩端加上 Br 跟 Br，你只能得到一個產物。如果把你預期的兩個產物畫出來，你將會發現它們是同一個化合物（內消旋化合物）。請把此產物畫出來。

Me　　Et
　＼　／
　　‖　　　　　　Br₂
　／　＼
Et　　Me　　━━━━━━━━▶

不要把區域選擇性跟立體化學的觀念相互混淆。比方說，在加成反應中，所謂的「反馬可尼可夫加成」是指加成反應的**區域選擇性**，但是「反」這個字則是指該加成反應的**立體化學**。學生們經常把這兩個不同的觀念搞混（也許是因為都有「反」這個字）。一個加成反應有可能既是反馬可尼可夫加成、同時也是順式加成〔以下我們將學到的硼氫化作用（hydroboration）就是一個例子〕。總而言之，你必須了解區域選擇性跟立體化學是兩個完全不同的觀念。

8.42 在下面這個反應裡，我們要把 H 跟 OH 分別加到雙鍵的兩端。它涉及的區域選擇性為反馬可尼可夫，而立體化學則是順式加成。在知道了所有這些資訊之後，請畫出你所期望的反應產物。

$$\xrightarrow[\text{(2) H}_2\text{O}_2 \text{ / OH}^-]{\text{(1) BH}_3 \text{ / THF}}$$

你務必知道每一個反應的立體化學和區域選擇性，而它們都包含在反應機構中。在上題裡，你被告知該期待立體化學和區域選擇性會造成什麼結果。不過若是題目出現在你的教科書裡或是考試卷

上，他們不會把這些消息直接透露給你，而希望你能藉由檢視參與反應的化合物，來獲知其中的奧妙。所以說，能實實在在地了解每一個反應機構，是修習有機化學的無上法門。

8.8 反應機構清單

　　從現在起你需要擁有一份反應機構清單，上面要包含所有你曾經看到過的反應。本章在 270 與 271 頁特地設計空白表格，讓你依此列出反應機構清單。清單中主要是記錄每個反應機構最重要的部分：包括它的區域選擇性跟立體化學。你應該把這個空白表格影印十至二十頁，好讓你可以把學到的反應機構，隨時填寫到表格裡。而你需要把填好的表格，集中放在容易取得的地方，以利複習。

　　以下替你示範該如何記錄反應機構，讓你了解應該怎樣填寫。它們也許不見得是你將最先遇到的兩個反應機構，但一定會早早就出現在有機化學課程內。

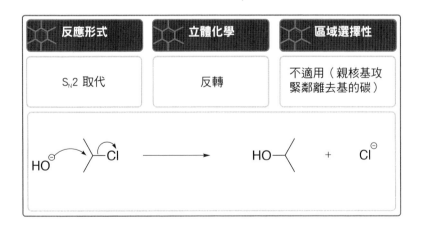

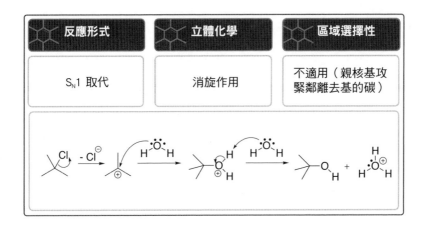

反應形式	立體化學	區域選擇性
S_N1 取代	消旋作用	不適用（親核基攻緊鄰離去基的碳）

　　現在開始，當你遇到新的反應機構時，就把反應機構畫出來，填入表格中。這份表格清單將是你日後複習反應機構的範本：

反應形式	立體化學	區域選擇性

反應形式	立體化學	區域選擇性

反應形式	立體化學	區域選擇性

反應形式	立體化學	區域選擇性

第 **9** 章

取代反應

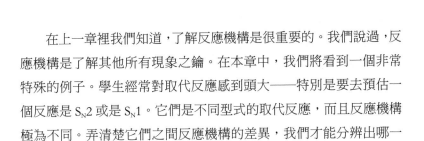

　　在上一章裡我們知道,了解反應機構是很重要的。我們說過,反應機構是了解其他所有現象之鑰。在本章中,我們將看到一個非常特殊的例子。學生經常對取代反應感到頭大——特別是要去預估一個反應是 S_N2 或是 S_N1。它們是不同型式的取代反應,而且反應機構極為不同。弄清楚它們之間反應機構的差異,我們才能分辨出哪一個反應為 S_N2、哪一個反應為 S_N1。

　　有四個因素決定發生的反應究竟是哪一種,這四個因素唯有在了解反應機構的情況下,才說得通,所以我們應該從反應機構著手。

9.1 反應機構

　　在有機化學中,百分之九十五的反應發生在一個親核基和一個親電子基之間。親核基如果不是帶著負電荷,就是具有高電子密度區域(例如未共用電子對或雙鍵)。親電子基正好相反,它如果不是

帶著正電荷，就是具有低電子密度區域。當一個親核基和一個親電子基相遇，就會相互吸引（因為電荷相反），這時如果各個條件都恰好合適，反應就會發生。

在 S_N2 和 S_N1 兩種反應中，都是因為一個**親核基**（nucleophile, Nuc）攻擊一個親電子基，而啟動**取代反應**（substitution），這說明了它們名稱前共有的 S_N 部分。至於緊跟在後的「1」跟「2」又代表什麼呢？要了解此中差異，我們需要檢視它們的反應機構。讓我們先看 S_N2：

上圖左邊我們看到一個親核基（Nuc），它攻擊另一個化合物中的親電子碳原子，此碳原子上連接著一個**離去基**（Leaving group, LG）。什麼是離去基呢？它是任何一個願意被人踢掉的基團（我們就將看到一些例子）。離去基通常是陰電性的（因為它喜歡在離去時攜走一個負電荷），這也說明了為何被攻擊的碳原子為親電子性，因為離去基把電子密度拉向自己，使得被攻擊的碳原子缺電子。

我們的 S_N2 反應機構有兩根彎曲箭：其中一根箭是從親核基上的一對未共用電子對出發，去到親核基與被攻擊的碳原子之間，形成鍵結。另一根箭則是從碳原子跟離去基之間的鍵出發，到離去基上形成一對未共用電子對。我們也注意到，該碳原子的組態在此反應中會被反轉，所以此反應的立體化學是組態的反轉。為什麼會發生反轉呢？它有若一把雨傘突然遇到了一陣強風，一傢伙被吹翻了過來。經驗告訴我們，要把雨傘吹翻需要相當大的力道，但是只要力道夠大，雨傘就有可能被吹翻過來。這個反應面臨的情況也是如此，只要發動攻擊的親核基夠好、夠強，同時其他條件也都恰到好

處，我們就能把立體中心給反轉過來（如前頁的方程式所示，反應把親核基從分子的左邊引進，同時把分子右邊的離去基踢了出去）。

這兒說到了 S_N2 中「2」的意義。記得上一章提到，親核基性是動力的一種尺度（決定某件事情的發生速度有多快）。由於這是**親核取代反應**，我們想要知道的是：這個反應的速率為何？反應機構只有一步，而在這一步中，親核基和親電子基要能相碰，所以該反應速率應該跟親核基的量成正比，**以及**跟其周圍的親電子基的量成正比。換句話說，反應速率跟這兩種化合物的濃度成正比。所以我們把它稱作二分子反應，所以才把「2」放在它的名稱裡。

接下來讓我們看看 S_N1 的反應機構：

這個反應有兩個步驟。在第一步裡，離去基先自個兒離開，並未受到親核基攻擊的幫助，結果造成了一個碳陽離子，然後在第二步裡，該碳陽離子才受到了親核基的攻擊。這就是 S_N2 跟 S_N1 的主要差異：S_N2 反應的全部變化都在一步裡一氣呵成，S_N1 則分作兩個步驟，並生成了一個碳陽離子作為中間產物。重要的關鍵是，**只有** S_N1 會生成碳陽離子，了解了這一點，其他細節也都一清二楚了啦。

比方說，讓我們瞧瞧 S_N1 的立體化學。之前我們已經了解，S_N2 的分子組態發生了反轉變化。然而 S_N1 反應全然不同。你應該記得，碳陽離子的混成軌域為 sp^2，所以幾何形狀為平面三角形。當親核基發動攻擊時，因為碳陽離子是平面的，親核基從平面的上方或下方欺近毫無差別，讓我們獲得同樣數量的兩種可能組態。也就是產物中一半是 R 組態、另一半是 S 組態，前此我們學過，這樣的情

形稱為外消旋混合物。我們由此例注意到,從了解碳陽離子中間產物的性質,可以進而解釋反應的立體化學結果。

以上的分析同時也讓我們了解到,為何 S_N1 反應名稱中有個「1」字。此話怎講呢?我們已知此反應有兩個步驟,其實它的第一步進行速度非常緩慢(LG 自動自發地離開而形成了 C^+ 和 LG^-,仔細想一想是滿奇怪的),第二步卻非常快速,因此第二步的速度跟整個反應的速度無關。讓我們用一個類比方式來說明。

想像你有一個沙漏,這個特殊的沙漏中有兩段細腰部分可以讓沙子通過:

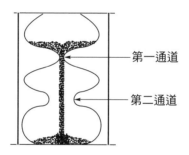

第一通道的口徑很小,使得沙粒通過的速度受到限制,只能達到一定的速率。這使得第二通道的口徑大小無關緊要了,因為無論它有多大,都不能加快沙粒通過第一通道的速度。也就是說,只要第一通道的口徑較小,沙粒流進沙漏底部的速度,就僅由上方通道的口徑來決定。

同樣的道理也可以應用在兩步反應上。如果第一步較慢而第二步較快,則第二步的速度也變得無關緊要,你獲得反應產物的速率,**只靠第一步(較慢的一步)來決定。**所以說在我們的 S_N1 反應裡,第一步較慢(失去 LG 並形成碳陽離子),而第二步較快(親核基攻擊該碳陽離子)。這就跟我們所看到的特殊沙漏情況一樣,反應機構中的第二步跟反應速率無關。再者,我們注意到,親核基要等

到第二步才在反應機構中出現，如果我們增加反應物中親核基的數量，它只會加快第二步的反應，對第一步的速率不會產生影響。但是我們已經了解，第二步的速率對整個反應的速率無關痛癢，加速第二步的反應不能改變整體反應速率，所以親核基的濃度不影響反應速率。

當然啦！親核基完全不存在顯然也不成，但它的濃度高低並不影響反應速率。所以 S_N1 反應裡的「1」，意思是說反應**速率**只隨親電子基的濃度變化，而跟親核基的濃度無關。所以我們稱它為**單一分子反應**，並把「1」放在名稱內。當然這並不意味你**只需要**親電子基，為了要讓反應能夠發生，你仍然需要親核基。沒錯！你依然需要兩樣不同的東西（親核基和親電子基），可是「1」告訴我們，該反應的速率只跟其中之一的濃度有關。

S_N1 和 S_N2 反應的機構幫助我們了解它們各自的立體化學，而我們也因此能看出它們為何稱作 S_N1 和 S_N2 反應（要由反應速率判斷，而反應速率可以由反應機構看出來），所以反應機構的確告訴了我們許多消息。

取代反應到底要遵循 S_N1 或 S_N2 反應機構呢？有四個因素需要考量：親電子基、親核基、離去基、溶劑。接下來我們將逐一討論這四個因素，而且我們將了解，這兩種反應機構的差異，就是搞清楚這些因素的關鍵。不過在我們進行討論之前，很重要的是，你得先確實了解這兩種反應機構。現在就來考考你自己，是否能在不翻書的條件下，在次頁預留的空白中，正確畫出這兩個反應機構？

記住！ S_N2 反應機構只有一個步驟：反應物中的親核基攻擊親電子基、同時踢掉離去基。 S_N1 反應機構則有兩個步驟：起先是離去基離開並形成了碳陽離子，其次親核基才去攻擊碳陽離子。此外還要記住， S_N2 反應造成前後組態的反轉，而 S_N1 反應的產物變成了外消旋性質。好啦！請試著在次頁把這兩個機構畫出來。

S_N2：

S_N1：

9.2 因素 1 ——親電子基（受質）

　　親電子基是反應中被親核基攻擊的化合物。在各種取代和脫除反應（將在下一章中出現）裡，我們稱親電子基為**受質**（substrate）。

　　記住碳有四根鍵，所以除了連接離去基的那根鍵外，被攻擊的碳原子另有三根鍵：

$$
\begin{array}{c}
①\\
②\!-\!\!\!\diagup\!\!\!-LG\\
③
\end{array}
$$

問題是這三根鍵連接了多少個烷基（甲基、乙基、丙基等等）？我們用英文大寫字母「R」代表各種烷基。如果碳只連接一個烷基，我們稱此受質為「一級的」（primary 或 1°）。如果連接著兩個烷基，我們則稱該受質為「二級的」（secondary 或 2°）。若是三個烷基，我們則稱之為「三級的」（tertiary 或 3°）：

$$
\begin{array}{ccc}
\begin{array}{c}R\\H\!-\!\!\!\diagup\!\!\!-LG\\H\end{array} &
\begin{array}{c}R\\R\!-\!\!\!\diagup\!\!\!-LG\\H\end{array} &
\begin{array}{c}R\\R\!-\!\!\!\diagup\!\!\!-LG\\R\end{array}\\
\text{一級的} & \text{二級的} & \text{三級的}
\end{array}
$$

　　在 S_N2 反應中，親核基會攻擊親電子中心，烷基使得該中心周圍變得擁擠。一般說來，如果同時有三個烷基存在，會變得擁擠不

堪,甚至讓親核基無法進入、發動攻擊(基於立體阻礙上的考量):

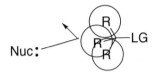

所以對 S_N2 反應來說,一級的受質最好,二級的次之,三級的受質則極少發生反應。

但是 S_N1 反應全然不同。它不是由親核基發動攻擊開始進行第一步反應的,而是離去基先脫落形成碳陽離子,然後再由親核基攻擊該碳陽離子。記住,碳陽離子是平面三角形,它上面的基團不管多大,都不會對靠攏過來的親核基造成阻礙。所以在它的第二步裡,無論碳陽離子上連接幾個烷基,親核基都能輕易靠攏發動攻擊,不至於有立體阻礙的問題:

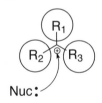

在 S_N1 反應裡,碳陽離子的穩定性是重要的問題。記得先前提過,各種烷基都是電子授與者,所以三級受質最好,因為它的碳陽離子上有三個烷基,可使該離子獲得最大的穩定性。相對地一級受質最差,因為它形成的碳陽離子上只有一個烷基,穩定力有限。這一點與立體阻礙無關,而是電子方面的考量(電荷的穩定性)。綜合起來,我們基於完全不同的原因,有兩個相反的趨勢:

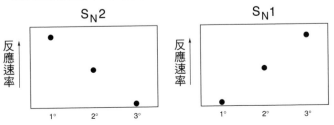

上兩圖顯示出反應速率。如果你有一級受質，反應就會依循 S_N2 機構進行，產物的組態會跟受質的組態相反。如果你有三級受質，反應會依循 S_N1 機構進行，得到外消旋產物（即兩種組態數量相同）。那麼如果受質為二級，那該怎麼辦呢？答案是考量因素 2。

練習 9.1 檢視下面這個化合物，請決定當親核基對它攻擊時，比較可能的反應機構是 S_N2 或 S_N1：

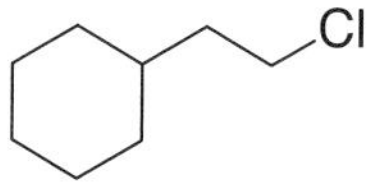

答　案 由於受質為一級，我們預期反應機構為 S_N2。

習　題 檢視下面各題中的化合物，請決定當有親核基對它攻擊時，比較可能的反應機構是 S_N2 或 S_N1。

9.2 ＿＿＿＿＿　　9.3 ＿＿＿＿＿

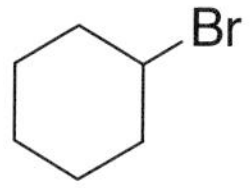

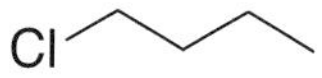

9.4 ＿＿＿＿＿　　9.5 ＿＿＿＿＿

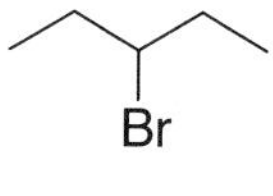

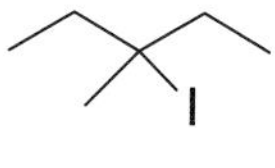

除了烷基，還有一個辦法可以穩定碳陽離子，那就是——共振。如果碳陽離子會受共振穩定，那麼形成這個碳陽離子就變得容易一些：

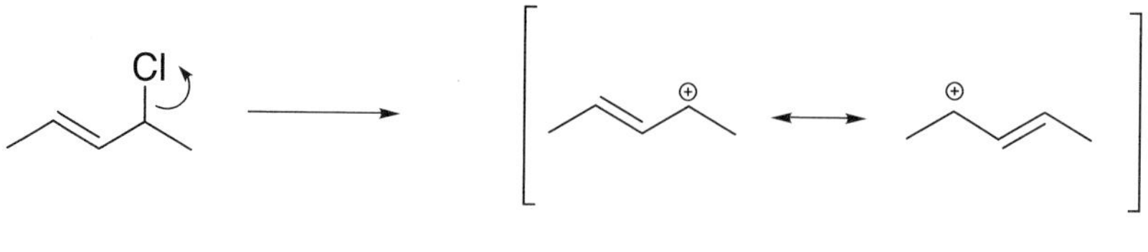

上頁圖是碳陽離子受共振穩定的例子。因此，離去基更願意脫離，使它進行 S_N1 反應。

你應該學會辨識的共振系統有兩種：離去基在苯甲基（benzylic）上的，和在烯丙基（allylic）位置上的。這兩類化合物在離去基脫離後，會因共振而穩定：

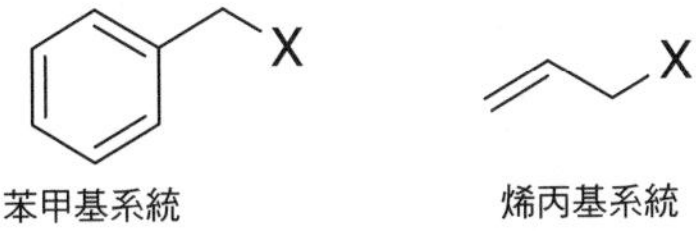

苯甲基系統　　　　烯丙基系統

如果你在離去基的附近看到雙鍵，卻不能確定它是否屬於苯甲基或烯丙基系統，只要把離去基脫離後的碳陽離子畫出來，然後看看是否具有共振結構。

練習 9.6 檢視下面這個化合物，請把苯甲基或烯丙基的離去基圈起來：

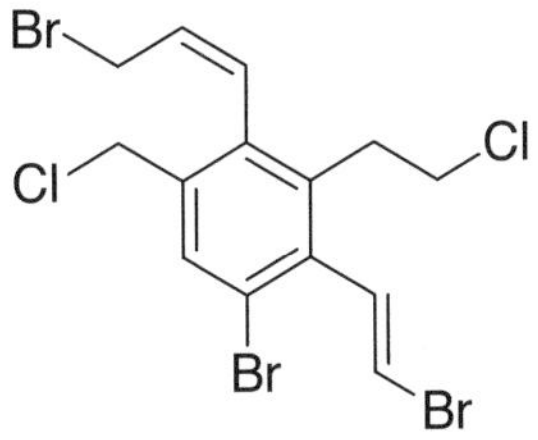

答案

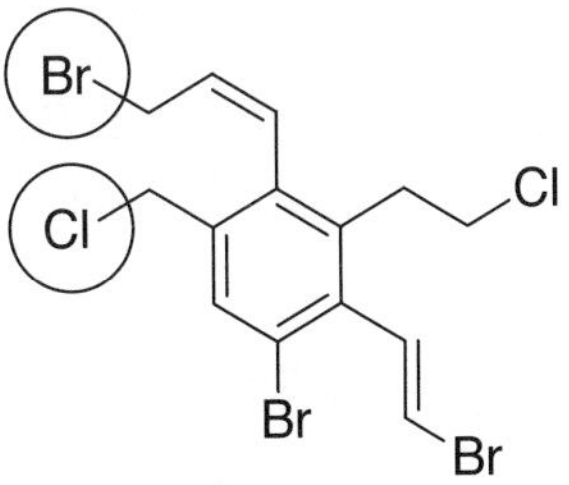

習　題 檢視以下各題中的化合物，請判斷離去基脫離後所形成
的碳陽離子，是否會受共振穩定。如果你無法一目了然，那麼畫出
碳陽離子的共振結構，再作判斷。

9.7

9.8

9.9

9.10

9.3 因素 2 ──親核基

　　在許多案例裡，我們單獨根據受質，就能判斷出反應機構究竟
是 S_N2 或是 S_N1。如果我們有一級（1°）的受質，那麼該反應將依循
S_N2 反應機構，組態會發生反轉。但是如果我們有的是三級（3°）受
質，反應將依循 S_N1 反應機構，在產物中，兩種相反的組態會是一
半一半。那麼如果我們有的是二級（2°）受質，結果又將如何？前
面說過，答案得看因素 2 ─親核基。親核基可分為三類：非常強的、
溫和的、弱的。讓我們來逐一討論這三種類型，之後你就會了解，親
核基的強度如何幫助我們決定反應機構是 S_N2 或是 S_N1。

　　弱親核基是那些完全不帶負電荷的基團。它們有未共用電子

對，能用這些未共用電子對去攻擊受質中的親電子位置，例子如下：

$$H-\overset{..}{\underset{H}{O}}-H \qquad R-\overset{..}{\underset{H}{O}}-H \qquad H-\overset{H}{\underset{H}{N}}-H \qquad R-\overset{H}{\underset{H}{N}}-H \qquad R-\overset{H}{\underset{R}{N}}-H$$

上面的這些化合物都不帶負電荷。學生們經常忘記這類化合物可以當親核基使用，但是由於不帶電荷，它們的確是非常弱的親核基。

然後我們有所謂溫和的親核基。它們是帶電荷的離子，但本身非常穩定，鹵素（F、Cl、Br、I）是此類基團的極佳例子。在帶有一個負電荷時，它們相當穩定。另外的例子包括了受共振穩定的離子，其中的負電荷分散到不只一個陰電性的原子上：

上面結構式

最後我們要考慮的是強親核基。它們是一些沒有受穩定的帶負電荷基團。換句話說，負電荷既不是在鹵素原子上，也沒有受共振分散到其他原子上。例如，

$$R-\overset{\ominus}{O} \qquad R-\overset{\ominus}{\underset{R}{N}}$$

綜合以上可知，弱親核基完全不帶電荷，溫和的親核基有一個受穩定的負電荷，而強親核基則帶有一個不穩定的負電荷。接下來讓我們看看這會造成怎樣的影響。

現在我們再回到反應機構上，去了解不同親核基對反應速率的影響。事實上，在之前解釋 S_N1 跟 S_N2 名稱中的「1」跟「2」時，我們已經討論過這個問題啦。你該記得 S_N2 中的「2」告訴我們，反應速率是隨受質以及親核基的濃度變化而變化的。換句話說，除了增加受質的濃度可以加速反應之外，增加親核基的濃度也有同樣的加速效果。然而 S_N1 反應則不然，它名稱中的「1」指出，它的速率只跟受質的濃度成正比（還記得我們所用的沙漏類比吧），親核基濃度

跟反應速率無關。

　　基於此，我們可以推論：親核基的強弱**只會對** S_N2 反應發生影響。如果我們用強親核基，S_N2 反應就會進行得很快，反之，如果我們改用弱親核基，反應速率就會相對變慢。然而在 S_N1 反應裡，親核基的強弱就不發生什麼影響了，只要有親核基在場就行（碳陽離子一旦形成後，它不是很挑剔，幾乎是來者不拒的接受任何在場親核基的攻擊，不管該基團上是否帶有負電荷）。所以兩個趨勢可圖解如下：

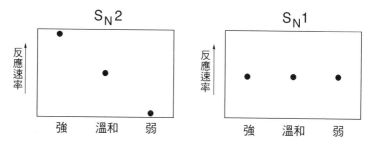

從以上兩個趨勢圖可以清楚看出，強親核基對 S_N2 反應有利。而我們也常說，弱親核基對 S_N1 反應有利，其實較正確的說法應該是：弱親核基**不利於** S_N2 反應。其實如果反應中 S_N1 和 S_N2 互別苗頭，若我們使用弱親核基，會因為 S_N2 太慢，使得 S_N1 相對快於 S_N2。

　　所以最重要的是：強親核基告訴我們，反應機構應該是 S_N2，而弱親核基則以 S_N1 為主。但如果親核基是溫和的，又該如何決定呢？這時我們得考量因素 3。

練習 9.11 你認為下面這個親核基會有利於進行 S_N2 或 S_N1？

$$\overset{\ominus}{NH_2}$$

答　案 它帶有一個電荷，所以我們馬上知道它不是弱親核基。接下來我們要問這個電荷是否穩定了下來，「穩定下來」的意思有

二，其一是電荷位於鹵素原子上，其二是由於共振的關係，它分散到一個以上的陰電性原子上。此處我們看到，這個負電荷既不在鹵素原子上，也沒有受共振穩定，所以它是強親核基，而強親核基有利於 S_N2 反應。

習 題 檢視以下各題中的親核基，預測它會有利於 S_N2 或 S_N1。也請指出其中無法用親核基性質判斷的（這些題目留待討論因素 3 後再作答）。

9.12 $H_3C-\overset{\displaystyle O}{\underset{\displaystyle O}{S}}-O^{\ominus}$ 答案：＿＿＿＿＿

9.13 OH 答案：＿＿＿＿＿

9.14 N$^{\ominus}$ 答案：＿＿＿＿＿

9.15 $^{\ominus}$ 答案：＿＿＿＿＿

9.16   答案：＿＿＿＿＿

9.17 Br$^{\ominus}$ 答案：＿＿＿＿＿

9.4 因素 3 —— 離去基

在許多情況下，我們可以從參與反應的受質跟親核基，判斷出反應機構是 S_N2 或 S_N1。比方說，如果有一個一級的受質和一個強親核基，那麼反應會依循 S_N2 反應機構，產物的組態得跟原來受質

的組態正好反轉。如果我們有的是一個三級的受質和一個弱親核基，那麼會進行 S_N1 反應。然而如果受質為二級而親核基又是溫和的，答案會是什麼呢？此時我們得考量第三個因素——離去基。

　　離去基可分為三類：極好的、好的、壞的。很妙的是，這三類離去基跟上面我們學過的親核基三個類型完全吻合。這樣的分類其實非常合理。我們只要把反應想像成可以倒過來放的電影，就能看出其中端倪。譬如把 S_N2 的反應機構倒過來放映，我們看到其中的親核基跟離去基互換角色。把 S_N1 反應機構倒過來放，同樣的情形也會發生。我們在心裡把這兩種機構各向前、向後放映，我們就能明瞭，正向的親核基就正好就是反向的離去基，反之亦然。

　　讓我們先介紹這三類的離去基。所謂的極好的離去基其實就是前述的弱親核基，重點是它們完全不帶負電荷。例子如下：

其次我們有好的離去基，它們其實就是溫和的親核基的翻版。這類基團各帶有一個非常穩定的負電荷，以鹵素（F、Cl、Br、I）為例，當它們有負電荷時，會相當穩定。還有就是由共振穩定的負離子，其中電荷分散在多個陰電性原子上：

最後是所謂的壞離去基，它們也就是前述的強親核基，帶有未受穩定的負電荷。該負電荷既不在鹵素原子上，也沒有受共振分散到多個原子上。例子有：

總之，極好的離去基不帶電荷，好的離去基帶有穩定的負電荷，而壞離去基帶有不穩定的負電荷。

接下來讓我們瞧瞧，離去基對 S_N1 跟 S_N2 的進行速率有何影響。我們得再次以反應機構來了解離去基對反應速率的影響。

我們發現，若要 S_N2 反應順利進行，必須至少有一個好離去基才行。然而比較起來，S_N1 反應對離去基的穩定程度要敏感得多。S_N2 反應的第一步（也是唯一的一步）中，同時有親核基的加入和離去基的脫落，只要離去基比親核基更為穩定，反應就會向前進行。但是在 S_N1 反應中，它的第一步（速率決定步驟）是離去基的脫落。所以反應速率只有賴於離去基的穩定程度，離去基愈穩定，反應速率就會愈快。所以對 S_N1 反應來說，要有極好的離去基才好（雖然好的離去基仍然勉強可讓反應發生，但速率上要慢許多）。

讓我們比較一下它們的趨勢：

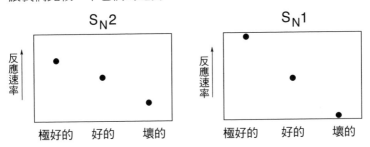

離去基愈好，兩種反應的速率都會增快，所以這個因素對兩者影響的趨勢相同，只是 S_N1 反應對此因素比較敏感罷了。

討論至此，我們覺得有需要把以上談過的三個因素對 S_N2 和 S_N1 的影響趨勢，做個複習跟比較：對於受質（因素 1）來說，我們看到它對 S_N2 和 S_N1 的影響趨勢剛好相反。當親核基（因素 2）不同時，我們看到，它對 S_N1 沒有任何影響可言，但對 S_N2 卻有。至於離去基（因素 3），它對 S_N2 和 S_N1 的影響趨勢相似，只是對 S_N1 的影響趨勢比較強烈。如果這樣說你仍然覺得我在雞同鴨講，也許你

應該翻回到前幾頁去，找出另外兩個趨勢圖來，並且把它們跟前頭這個趨勢圖做個比較，就容易了解啦。

因素 3 最重要的是：如果你希望要的反應機構是 S_N1 而不是 S_N2，那麼你應該選用一個極好的離去基，希望才不至於落空。如果你選用的只是一個好的離去基，結果就很難說。如果你用的是一個壞的離去基，取代反應壓根兒不會發生，當然也就沒有遵循哪一個反應機構的問題啦！

練習 9.18 檢視下面這個化合物，預期它的離去基偏愛的是 S_N2 還是 S_N1：

答案 每當你評估一個離去基或親核基有多穩定時，你得看它不跟受質分子連接時的情況。換句話說，你須知道它自個兒獨處時的穩定性。所以讓我們離去基脫離後的樣子畫出來：

我們得到的是 H_2O（即水）。它是電中性、不帶負電荷，所以是極好的離去基。脫離後成為電中性的離去基，在脫離前必然會帶有一個正電荷。但要記得，決定它屬哪類，你要看它脫離之後的樣子。

極好的離去基對 S_N2 跟 S_N1 兩者都有利，但是我們也說過，S_N1 反應對這個因素比較敏感，所以極好的離去基一般都會偏愛進行 S_N1 反應。

　　我們有可能把一個壞的離去基變成極好的離去基。比方說，如果加質子到 OH 基團上，就可以把它轉變成極佳的離去基：

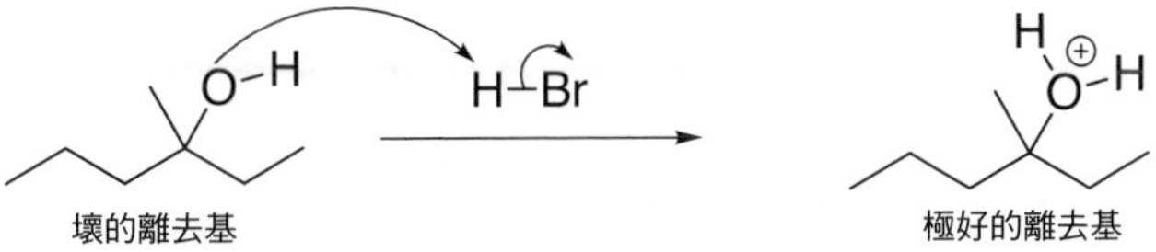

壞的離去基　　　　　　　　　　　　　　　極好的離去基

習 題 檢視以下各題中的化合物，決定它的離去基屬於哪一類。

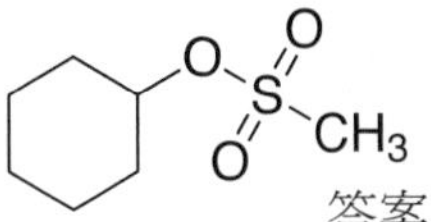

9.19　　答案：＿＿＿＿ 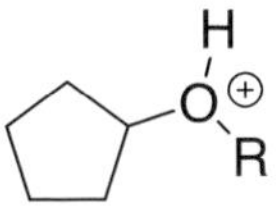　9.20　　答案：＿＿＿＿

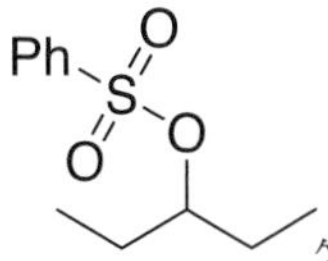

9.21　　答案：＿＿＿＿ 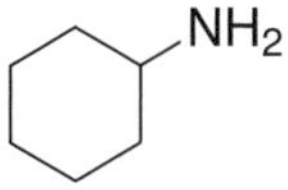　9.22　　答案：＿＿＿＿

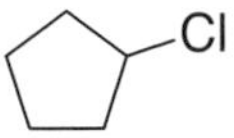

9.23　　答案：＿＿＿＿ 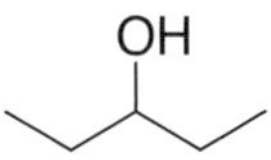　9.24　　答案：＿＿＿＿

9.25　依據你對上面六題的答案，你預計哪一個化合物最有可能進行 S_N1 反應？

9.26　如果你希望習題 9.24 中的化合物，進行以氯離子為親核基的 S_N1 取代反應，那麼你需要如何處理離去基？你會用到什麼試劑〔去改變該離去基，同時也提供氯離子（Cl^-）〕？

9.5 因素 4 ——溶劑

目前為止，我們已經研究過受質、親核基、離去基，它們包含參與反應的所有部分。讓我們把各種取代反應提綱挈領地簡化如下：

所以在談過受質（Substruct）、親核基（Nuc）、離去基（LG）後，似乎已經面面俱到啦！但是事實上我們還是漏掉了一樣重要的東西，那就是溶解這三樣化合物的溶劑，它可是會發生影響、造成差異。讓我們看看其中的究竟。

事實上，溶劑在 S_N1 跟 S_N2 之間的競爭上有巨大的影響力。簡單地說，就是極性的非質子性溶劑（polar aprotic solvent）特別喜愛 S_N2 反應。什麼是極性的非質子溶劑？為何它們喜愛 S_N2 反應？

讓我們把這個名稱分開成兩部分：**極性**（polar）以及**非質子性**（aprotic）。希望你還記得普通化學裡學過，「極性」的意義。你也應該記得「相似的溶於相似的」（指極性溶劑溶解極性化合物，而非極性溶劑溶解非極性化合物）這個基本原則。所以要任何取代反應順利進行，都需要極性溶劑的幫忙。S_N1 沒有極性溶劑不行，因為唯有極性溶劑在場，才能穩定住它的中間產物——碳陽離子。而 S_N2 也極需要極性溶劑去溶解親核基。不過相較之下，S_N1 比 S_N2 更需要極性溶劑。無論如何，你極少看到取代反應會在非極性溶劑中進行。所以極性溶劑的重要性不言而喻，現在先讓我們把注意力放在「非質子性」這個詞上。

首先讓我們定義什麼是質子性溶劑。我們得先回憶本書第 3 章，酸鹼化學裡講了質子（去除電子的氫原子，以符號 H^+ 代表）

的酸性問題,而我們了解,如果化合物有辦法穩定住質子脫離後留下的負電荷,則分子上的質子就可以被拉扯下來。所謂質子性溶劑就是溶劑中有質子連接著陰電性原子(例如 H_2O 或 EtOH)。之所以稱作質子性的緣故,是基於它可以當作提供質子的來源。換句話說,溶劑分子能給出一個質子,因為它能(至少有些能力)穩定遺留下的負電荷。那什麼又是非質子性溶劑呢?

非質子性是指溶劑分子裡,沒有跟陰電性原子連接的質子。這類溶劑分子裡仍然可以有氫原子,只是它們都不跟陰電性原子連接。最常見的極性非質子溶劑有丙酮、DMSO、DME 和 DMF:

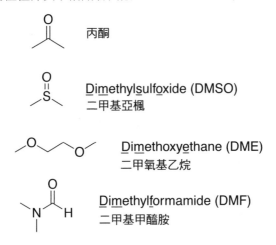

當然除此之外還有其他的極性非質子性溶劑。你應該在你的教科書和課堂筆記中找找看,是否還有其他這類溶劑是任課老師希望你記得的,如果有,你可以把它們加到上面分子圖的空白處,你要牢記這些溶劑,以後遇到時要能認出它們。

接下來的問題是,為何這類溶劑會使 S_N2 反應的速率增快呢?要回答這個問題,我們需要談談溶劑效應。把親核基溶在溶劑中時,通常都會有溶劑效應。當帶負電荷的親核基溶解在極性溶劑時,會受溶劑分子包圍,形成**溶劑層**(solvent shell):

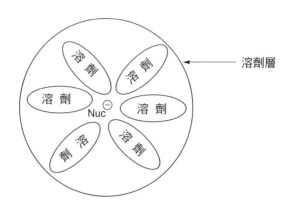

溶劑層阻擋住親核基的去路，不讓親核基去做它該做的事（攻擊別樣東西）。親核基為了要進行它的任務，必須先除去這層溶劑層。這是當你把親核基溶解在極性溶劑中時，每每會遇到的情況，除非你用的是極性非質子性溶劑，才能免除這個狀況。

極性非質子性溶劑不是非常擅長在負電荷周圍形成溶劑層，所以如果你把親核基溶解在這類溶劑裡，親核基不會遭溶劑層裹住，我們稱為「裸露的」（naked）親核基，因為它沒有溶劑層。在它與其他東西發生反應前，不必先行褪去溶劑層，因為溶劑層根本就不存在。這造成的影響還真是非同小可，你可以想像得到，溶解在一般極性溶劑中的親核基，大部分時間都會受溶劑層包圍，僅在短暫時間裡，能讓親核基自由發生反應。但是在極性非質子性溶劑中的親核基沒有溶劑層，可以隨時進行反應，反應速率當然會大幅增快。若是親核基溶在極性非質子性溶劑中，S_N2 反應的速率大概是在其他一般質子性溶劑時的 1000 倍。

重要的是：每當反應溶劑特別標明了出來，你應該注意看看它是否屬於上面清單中的極性非質子性溶劑。如果是肯定的話，你幾乎可以可以斷定，該反應的反應機構為 S_N2。

練習 9.27 請預測下面這個反應是經由 S_N2 或 S_N1 反應機構：

$$\text{（環己基溴）} \xrightarrow[\text{DMSO}]{Cl^{\ominus}}$$

答　案 我們先看上面這個受質本身（因素 1），發覺它是一個二級受質，對解決此問題顯然沒幫助。其次我們注意反應中攻擊受質的親核基（因素 2），發現它是屬於溫和的（既不強也不弱），所以同樣也幫不上什麼忙。接下來我們察看離去基（因素 3），發現它屬於好的離去基（不是極好的也不是壞的），結果又是白搭，不免叫人失望。最後我們檢視所用溶劑（因素 4），發現它是極性非質子性溶劑，終於打破僵局，S_N2 出線。

習題 9.28 請翻回到記錄極性非質子性溶劑的那一頁，閱讀並默記那些溶劑的分子式及名稱。有把握後，在下面空白裡，默寫所有的極性非質子性溶劑。

9.6 使用全部四個因素

至此我們已經逐一分析了四個因素，接下來我們需要進一步了解，如何把它們合併起來運用。當面對一個反應時，我們需要檢查

全部四個因素，才好決定它的主要反應機構究竟是 S_N1 還是 S_N2。其實並不是每一個問題的答案就只限於依循單一機構進行，在有些情形下，這兩種機構也會齊頭並進，而且要去預測其中誰為主、誰為輔還相當不易。好在這樣混沌的情形並不多，絕大多數的情形都是很明顯地倒向一邊。比方說，如果我們有一個一級的受質、跟一個強的親核基，而且是在極性且非質子溶劑內，則顯然會發生 S_N2 反應。相對來說，如果我們有的是三級受質、弱親核基、以及極佳的離去基，發生的反應顯然是 S_N1。

你的職責是審視所有的因素，然後做出有所本的研判。讓我們把之前了解的種種相關資訊，全部納入如下圖表裡面。複習這個圖表，如果你對其中任何部分覺得有不合理或不解的地方，你應該翻回本書講解該因素的部分，再次複習其中涉及的觀念。

受質	親核基	離去基	溶劑
一級受質：只有 S_N2 沒有 S_N1	強的親核基：S_N2	壞的離去基：兩者都不發生	極性非質子性：S_N2
二級受質：兩者皆有	溫和的親核基：兩者皆有	好的離去基：兩者皆有（但是 S_N2 較多）	
三級受質：只有 S_N1 沒有 S_N2	弱的親核基：S_N1	極好的離去基：S_N1	

練習 9.28 仔細檢視下面這個反應的所有反應試劑和條件，然後決定它會依循 S_N2、S_N1、或兩者進行、或都不發生：

答　案 這個反應的受質為一級，此點告訴我們，它應該是 S_N2 反應。此外我們還看到它有強親核基，這點也偏愛 S_N2 反應機構。不過它的離去基是好的，不過這沒能給我們任何訊息。最後，上式也沒透露用的溶劑是什麼。所以把所有的訊息放在一起，我們研判的結果是：反應應該依循 S_N2 反應機構。

習　題 對以下各題中的反應，仔細檢視所有的反應試劑和條件，然後決定它會依循 S_N2、S_N1、或兩者皆進行、或都不發生。

9.29

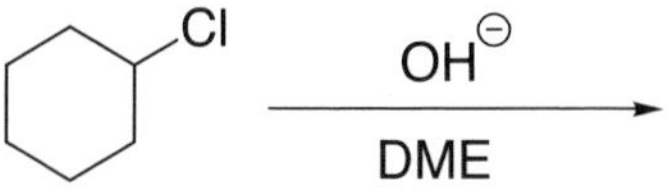

9.30

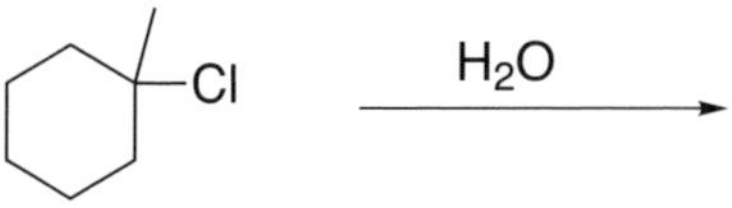

9.31

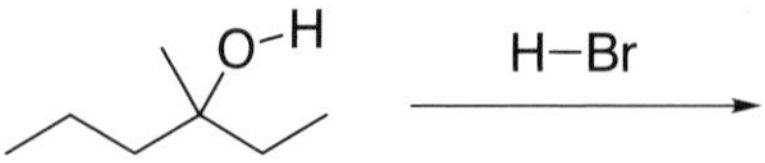

9.32

9.33

9.34

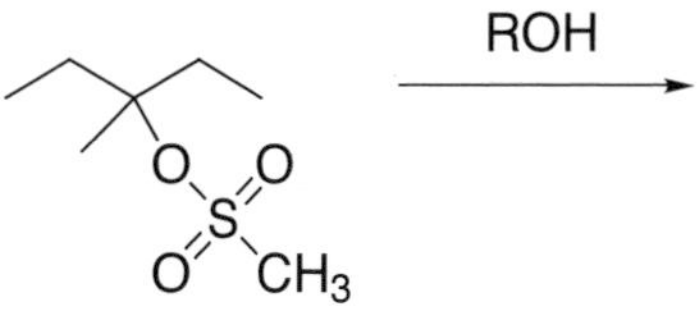

9.7 取代反應給了我們一些重要教訓

　　S_N1 和 S_N2 反應的產物幾乎完全相同，它們都是由外來的親核基取代原來在受質上的離去基。事實上，僅就產物而言，S_N1 和 S_N2 反應的差異，只在當連接離去基的碳原子為立體中心時，才會浮現。在該碳原子為立體中心的情況下，S_N2 反應機構會使立體中心的組態反轉，而 S_N1 反應機構則會產生外消旋混合物。這就是唯一的差異——立體中心組態的不同。如果該碳原子不是立體中心，那麼從產物看，進行 S_N1 和 S_N2 根本沒有區別。看起來，我們花了一整章的篇幅討論 S_N1 和 S_N2，似乎小題大作，只是決定一個不見得一定有的立體中心組態而已。

　　所以問題很明顯，我們為何要費這麼大的功夫，去決定一個反應是 S_N1 還是 S_N2？這個問題有好些個答案，它們都非常值得我們花些時間探討，它們有助於為你構築出本課程其餘部分的框架。現在讓我們把這些答案一一列舉如下：

　　第一，我們藉此學到了一個重要的觀念：反應機構裡包含了反應的所有相關細節。只要完全明瞭反應機構，其他與反應有關的種種，都可以從機構中推敲出來龍去脈。比方說所有能影響反應的各個因素，都會在仔細檢視、分析反應機構的過程中現形。此點對於今後你將見到的每一個反應都適用，而你目前已經擁有了一些循此方向思考的實際經驗。

　　其次，我們學到在分析一個反應時，由於影響它的因素眾多，你得從多方面去考量問題。有時候也許很多因素都指向同一方向，但在其他時候，它們也可能相互牴觸。當它們互相牴觸的時候，我們就得逐一衡量它們各自的影響力，找出誰能壓倒其他因素，操控反應的進行與走向。此項對立因素之間角力的觀念，是有機化學的主題之一，探討 S_N1 和 S_N2 反應機構的經驗，會使你面對所有其他反

應時，能用同樣的思考方式。

最後我們還學到，假如分析第一因素（受質）時，我們發現它有兩種影響力：電子分布的和立體阻礙。我們了解，S_N2 反應只能發生在一級或二級受質身上——三級受質因為太過擁擠，沒有足夠空間能讓親核基攻擊。反之，S_N1 反應就沒有立體阻礙的問題，不過在 S_N1 反應機構中，電子分布情形成了比立體阻礙更具有決定性的影響力，使得三級受質反倒對 S_N1 反應最為有利，因為推電子的烷基愈多、愈能穩定反應的中間產物碳陽離子。

這兩種影響（立體阻礙和電子效應）是有機化學的兩大主要課題，此後我們在本課程中遇到的一切問題，多半都可以由立體阻礙和電子效應兩個因素來作解釋。所以你愈早學會利用它們去解決問題，對你的課業成績的好處愈大。在這兩大影響力中，電子效應通常遠較立體阻礙複雜。事實上，之前我們見到的另外三個因素（親核基、離去基、溶劑效應）都與電子效應有關。一旦熟悉並熟練運用此類電子效應，面對其他反應時，就能輕易舉一反三了。

不要錯會意——取代反應發生時，能夠預知立體中心的組態是否即將反轉，可不是無關痛癢的小事，僅僅這個理由就值得我們學習本章裡所有的因素。但是我也希望你能同時把眼光放寬放遠，看到背後的種種「大局勢」問題，這對你在以後有機化學的學習上，會有很大的助益。

第 **10** 章

脫除反應

在本章內，我們將探索**脫除反應**（elimination reaction），用的方式與探索取代反應時同樣。我們從 E1 和 E2 反應的機構著手（E 代表 Elimination），逐一探討在每一個案例裡，幫助我們決定哪個機構勝出的種種因素。不過上一章和本章之間有一大差別，上一章幾乎把所有牽涉到的資訊都直接鋪呈出來，讀者無須參考任何其他資料（教科書、課堂筆記等）。然而如今你已經曉得反應機構是多麼重要，你知道反應機構可以解釋每件事，你也了解如何分析影響反應的各種不同因素，以及其他種種。所以在此章內，「你」須在合適的時機，自行提供所需的關鍵資訊。

別緊張，這將會是互動性極高的程序，在適當節骨眼，我會告訴你該找怎樣的資訊、上哪兒去找。我們待會兒就會逐步把你該如何配合進行，說個明白。首先讓我們看看，我們現在進行到這個偉大方案的哪一個階段。

此方案共分四個階段，而我們剛開始了第二階段，且此後你的研讀，不用依靠明白的指示。以下是這四個階段的內容：

1. 談的主題為取代反應，方式是由本書提供全部所需的資訊，讓你透過反應機構的分析，去了解每一個有關因素。

2. 在本章內你將靠自己發掘出所有的反應機構及全部因素，但是一路上你都會被告知，下一步該做什麼。

3. 下一章（加成反應）中，你將被要求在有限的幫助下，畫出各加成反應的反應機構，並記錄重要的因素。

4. 最後，你將把之前遇到並累積下來的所有反應機構及相關資訊，全部登錄到從第 8 章影印出來的空白表格內（以下稱第 8 章表格）。那時，你的工具已經齊備，可以研判之後課程中遇到的任何反應；你將知曉如何檢視反應機構，以及尋找出決定區域選擇性和立體化學的因素；你將記錄（在第 8 章表格）每一個你學過的反應；那麼在考前複習時你就知道應該注意哪些重點。

所以我們現在正處於方案中的第二階段，讓我們開始檢視脫除反應吧。

 10.1 反應機構（E1 及 E2）

我們需要參照之前對取代反應曾經做過的同樣分析。所以在進行下一步之前，我建議你去複習第 9.1 節。現在事不遲疑，馬上行動，複習完畢後再回到此處待命。

你需要開始畫出 E1 及 E2 反應的反應機構。如果你尚不曉得如何著手，請參考你的課堂筆記跟教科書，然後在次頁中，把這兩個反應機構正確地畫出來：

習題 10.1 請畫出 E2 反應的機構。

習題 10.2 請解釋 E2 反應機構名稱中,幹嘛用「2」這個數字。你會發現原因跟 S_N2 反應名稱中使用「2」的道理相同。

_____

_____

習題 10.3 請畫出 E1 反應的反應機構。

習題 10.4 請解釋 E1 反應機構名稱中,幹嘛用「1」這個數字。你會發現原因跟 S_N1 反應名稱中使用「1」的道理相同。

_____

_____

注意 E1 反應機構中經過了一個碳陽離子的中間產物。這個中間產物的形成，有助於解釋各因素如何扮演它的角色。能影響該類反應的因素，跟前述能影響取代反應的四個因素雷同，可以直接類比。以下各節我們將一一探索這些因素。

 10.2 因素 1 ——受質

正如同取代反應，脫除反應的第一個因素也是受質。請翻閱你的課堂筆記裡跟教科書，找出如果受質本身是一級、二級或三級的話，各會出現怎樣不同的結果。對於每一型的受質，你需要釐清它是否偏愛 E2、是否偏愛 E1，或是對兩者都愛好或都厭惡。利用這兩個反應機構幫助你了解原委。然後用下面的圖表紀錄 E1 跟 E2 的趨勢（比照在第 9.2 節裡，記錄 S_N2 和 S_N1 趨勢的方式）：

習題 10.5 在下面的兩個圖表中，填入 E1 跟 E2 反應的趨勢，比較一級、二級和三級受質的相對反應速率。

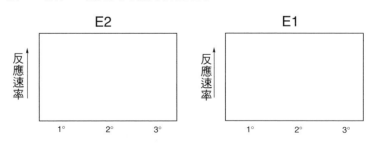

記住，當填寫 E2 圖表時，你並沒有如同在 S_N2 反應中，要考量三級受質的立體阻礙。理由是鹼(base)並不需要侵入重圍攻擊碳原子，它只須從旁拉走一個質子，所以立體阻礙在此並不造成影響，因此三級受質可以發生 E2 反應：

S_N2不能發生	E2能發生

習 題 檢視下面各個化合物，請決定（基於它的結構為一級、二級或三級）你是否預期 E2 反應機構，或是 E1 和 E2 同時發生（記住 E2 會發生在所有受質上）：

10.6 _____   10.7 _____

10.8 _____   10.9 _____

 10.3 因素 2 ──鹼

接下來你應該開始複習上一章的第 9.3 節。在 9.3 節中，我們看到影響取代反應的因素 2 為親核基，然而脫除反應不一樣，影響的因素 2 是鹼。記得鹼跟親核基的不同處在於它們的功能（本書第 8 章第 8.3 節曾論及此點──如果你對此已不復記憶，最好馬上翻書溫習）。大部分可以當做親核基的反應試劑也可以當做鹼使用，譬如羥基（即氫氧根離子）在 S_N2 反應中能扮演親核基的角色，在 E2 反應中扮演的則是鹼的角色。事實上，這是取代反應和脫除反應之間

最關鍵的差別——反應試劑是當親核基去發動攻擊，或是當鹼去拉掉質子？所以這回我們要檢驗的是鹼的強度，而非親核基的強度。現在複習你的課堂筆記和教科書上有關的部分，然後試著把因素2，鹼的強度趨勢填入下面的兩個圖表中：

習題 10.10 在下面兩個圖表中填入 E1 跟 E2 反應的趨勢，比較不同強度鹼的相對反應速率。

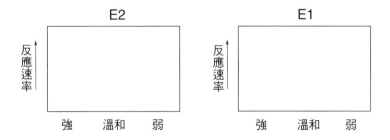

這兩個圖表填妥後，應該跟取代反應的因素 2 趨勢圖看起來相同。如果你不記得前兩個趨勢圖長得怎樣，也無法推敲出個所以然，你可以隨時翻回到上一章的第 9.3 節複習一下。

習 題 使用上面圖表，決定以下各題中的鹼會有利於 E2 或 E1 發生。

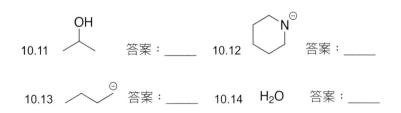

10.11　答案：＿＿＿　　10.12　答案：＿＿＿

10.13　答案：＿＿＿　　10.14 H_2O　答案：＿＿＿

　　我們從第 8 章（第 8.3 節）中了解，鹼跟親核基之間的差異在於功能的不同。我們甚至明白，表示它們強度的兩個名詞，親核性為動力學觀念，而鹼度為熱力學觀念。此外你還必須知道這兩者的另一個重要差異，同學之中很少有人了解這個差異，使得他們在解決一些同時牽涉到取代反應和脫除反應的問題（在本書第 12 章，我們將會做幾個這類問題）時，產生許多不必要的困擾跟痛苦。為免除這種痛苦，讓我們現在把這個差異講清楚、說明白。

　　許多同學通常會自以為是地認為，比較強的鹼就是比較強的親核基，其實這個想法並不永遠成立，鹼度與親核性並非一成不變地類似（parallel），它們有時候類似，有時候卻否。讓我們先看看在什麼場合裡它們類似。

　　當比較週期表上**同一列**的元素時，鹼度跟親核性**的確**是相似的：

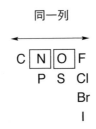

比方說，讓我們比較 NH_2^- 跟 OH^-，這兩個化合物的差異在於攜帶電荷的原子不同（前者為 N，後者為 O）。我們在本書第 3 章（討論有關決定電荷穩定的因素）中說過，由於氧的陰電性比氮強，它比氮更能穩定負電荷，因此 OH^- 比 NH_2^- 穩定，也就是 NH_2^- 是較強的鹼。此外我們發現，做為一個親核基，NH_2^- 也比 OH^- 更強，原因是當我們比較週期表上同一列的兩個元素時，鹼度跟親核性類似。

　　不過在比較週期表上同一行的元素時，鹼度跟親核性就不類似啦：

同一行

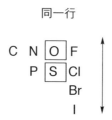

比方說，讓我們比較 OH⁻ 跟 SH⁻，這兩個化合物的差異也是在於攜帶電荷的原子不同（前者為 O，後者為 S）。我們在本書第 3 章中說過，由於硫原子比氧原子大，因此更能穩定住其上的負電荷（記住在比較同一行元素時，原子的大小比陰電性更重要）。因此 SH⁻比 OH⁻ 穩定，也就是說 OH⁻ 是較強的鹼。雖然如此，SH⁻ 卻是比OH⁻ 好的親核基，為什麼呢？

之前我們討論過，鹼度跟親核性是兩個截然不同的觀念，鹼度是電荷穩定性的計量（屬於熱力學範疇），親核性則是指親核基發動攻擊時速度有多快（屬於動力學範疇）。對於一個例如硫的大尺寸原子來說，會呈現出一個有趣的現象，那就是當該硫原子趨前靠近一個親電子基團（攜帶 δ⁺ 的化合物）時，硫原子內的電子密度受到對方靜電的影響而極化，也就是說硫原子的電子密度分布會改變。

這個效應使硫原子非常快速地被親電子基吸引過去，以致於硫攻擊的速度大幅度增快。由於**親核性**是親核基攻擊速度的計量，這個效應使硫原子的親核性變得極強。當氧原子上有負電荷時，由於氧原子尺寸太小，電子密度並不像硫原子那樣可以發生極化，因此氧不會因為靜電效應而增加攻擊的速度。

所以如果要測量鹼度，我們檢視的是化合物的穩定程度，硫比較能穩定其上的電荷（因為它的尺寸較大），表示硫上面的負電荷較穩定。也就是說，比起 SH⁻ 來，OH⁻ 是較強的鹼，但 SH⁻ 卻是較佳的親核基。事實上，由於這個因素（硫之類大原子的電子密度極化效應）的影響力非同小可，使所有含硫的化合物都幾乎只能當親

核基而非鹼。這是為何在比較週期表同一行的元素時，鹼度跟親核性並非相類似的原委了。

　　重要的是，含硫的親核基只有做為親核基的能耐，不能當鹼使用。基於同樣的理由，鹵素離子（Cl⁻、Br⁻、I⁻ 三個離子都非常巨大、也非常極化）也是如此，僅能當親核基，而不能當鹼。所以當你看到這類親核基出現，完全不需要顧慮到脫除反應──你只能得到取代反應。我們經常看到，鹵素陰離子做為親核基，所以當你看到反應試劑裡有鹵素離子，你就知道根本用不著考慮脫除反應。在本書第 12 章裡，我們將討論這個效應在決定取代反應跟消除反應誰會勝出時，有多麼重要。

10.4 因素 3 ── 離去基

　　這個因素跟之前我們看到的取代反應因素 3 相同，兩個趨勢完全一致。事實上，如果你比較 S_N1 反應機構中的第一步跟 E1 反應機構中的第一步，會發現它們完全相同。你現在就翻回上一章，複習第 9.4 節，然後再回來把趨勢填入下面圖表中。

習題 10.15　請根據離去基的穩定度去決定相對的反應速率，把 E1 和 E2 反應的趨勢填入下面圖表中：

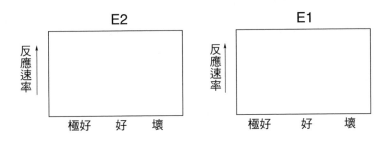

習題 檢視以下各題中的化合物，決定其中離去基屬於極好的、好的、或壞的。根據這個類別，並參考上面圖表，決定離去基偏愛 E2、E1、兩者皆進行、或皆不進行。

10.16　答案：＿＿＿＿＿　10.17　答案：＿＿＿＿＿

10.18　答案：＿＿＿＿＿　10.19　答案：＿＿＿＿＿

10.20　答案：＿＿＿＿＿　10.21　答案：＿＿＿＿＿

10.5 因素 4 ──溶劑效應

最後，如果你的教科書上論及溶劑效應（通常都略過不堤），請找出教科書上列舉出的各種溶劑效應，並記錄在下面空白內：

10.6 使用所有的因素

　　現在你已經自己審視完所有四個因素了，接下來你應該把內容扼要地填入下面的圖表內（正如同我們之前為取代反應所填的表格一樣）。在每一個因素項下，指出哪一個機構被看好。第一行已經替你填好了：

受質	親核基	離去基	溶劑
一級受質： 只有 E2	強的親核基：	壞的離去基：	
二級受質： E2	溫和的親核基：	好的離去基：	
三級受質： E2 和 E1	弱的親核基：	極好的離去基：	

　　如果仔細研究上圖（在你填好之後），你會發現 E1 反應機構非常難發生。所有條件都必須恰到好處——我們需要的是一個三級受質（所以離去基可以在離去後形成穩定的碳陽離子）、一個弱鹼（所以 E2 不來競爭攪局）、以及一個極好的離去基（所以該基團能自行離去）。如果這三個條件中有任何差池，我們都比較可能得到 E2 反應。因此，E2 反應比較常見，特別是在受質為三級的情況下，E2 能非常迅速發生。

練習 10.22 利用上面你建構起來的圖表中的資訊，預期次頁這個反應將會經由 E2 反應機構或 E1 反應機構：

答 案 由於受質為三級，所以可以是 E1 或 E2，所用鹼為強鹼（沒受共振現象穩定的負電荷），所以 E2 反應機構會比較快速。

習 題 檢視以下各題中的反應，預期該反應將會經由 E2 機構、E1 機構、或兩者皆否。目前你還不用傷腦筋去把產物畫出來，這要等我們研討過下一節後再進行，目前只要注意哪一個反應機構會有可能就成了。

10.23

10.24

10.25

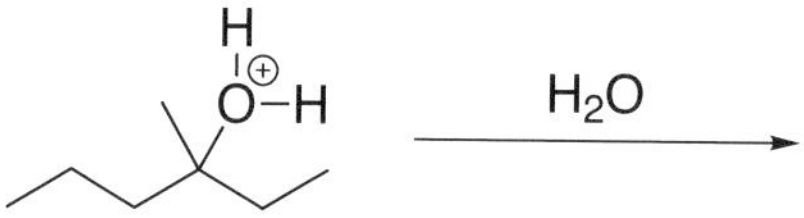

10.26

10.27

10.7 脫除反應——區域選擇性和立體化學

我們曾再三提到,在面對每一個化學反應時,都有需要考慮**區域選擇性**(regiochemistry)及**立體化學**(stereochemistry)。現在我們來看看脫除反應在這方面的問題。首先考量區域選擇性。

區域選擇性追究的是反應在哪兒發生。換句話說,反應是在分子內的哪個**區域**裡進行?當你從分子中除掉 H 跟 X(X 是某個離去基)時,你可能在不同的位置形成雙鍵。請看下面這個簡單的例子:

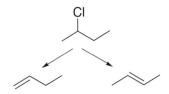

它事實上在何處形成雙鍵呢?這是區域選擇性的問題。至於說這兩個可能產物有什麼不同,我們的區分方法是計算雙鍵兩端共連接幾個基團。從這點來考量,每一個雙鍵都有可能連接 1 到 4 個取代了氫原子的基團:

單取代　　　　雙取代　　　　三取代　　　　四取代

有此認識後,如果再回頭去看上面所舉的反應,我們發現那兩個可能的產物,其中一個是單取代雙鍵,另一個則是雙取代雙鍵。每當你有一個脫除反應,能產生多個有不同取代基的雙鍵時,我們把取代基數目較多的產物稱為柴澤夫(Zaitsev)產物,較少的則稱為霍夫曼(Hoffmann)產物。通常你會得到柴澤夫產物,只有在很特殊的情況下,你才能得到霍夫曼產物。怎樣的特殊情況呢?如果你使

用了具有立體阻礙的強鹼，才有可能獲得霍夫曼產物。

習題 10.28 打開你的教科書，找尋討論如何形成霍夫曼產物的章節，然後把教科書裡說的，具有立體阻礙的鹼的樣子一一畫出來。

記住這些鹼，以後一見到它們，你就馬上知道會得到霍夫曼產物。

習　題 檢視以下各題中的化合物，請畫出它經過 E2 反應後得到的柴澤夫產物和霍夫曼產物。

10.29

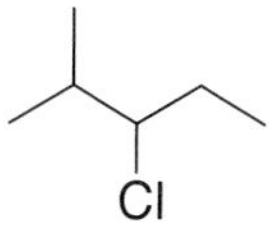

柴澤夫 　　　　　　　　　霍夫曼

10.30

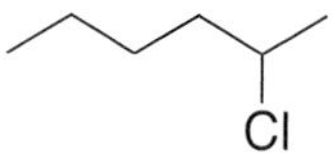

柴澤夫 　　　　　　　　　霍夫曼

10.31

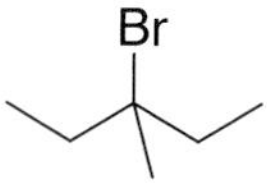

柴澤夫 　　　　　　　　　霍夫曼

　　現在讓我們把注意力轉移到脫除反應的立體化學。E1 反應經過碳陽離子中間產物，以致於失去了立體特異性（stereospecificity）。這意味著如果雙鍵產物可能有兩個立體異構物的話，無論原來的化

合物是否具有立體特異性，你都會得到等量的兩個不同產物：

在上面這個反應裡，首先我們知道，區域選擇性決定產物會是取代基數目最多的四取代雙鍵（而非其他兩種）。接下來我們看到，產物有兩個立體異構物（順跟反兩種組態）的可能，究竟會形成哪一個還有待決定。而 E1 反應機構告訴我們，兩者都會形成。

但是 E2 反應不然，它是有立體特異性的──即在反應中 H 跟離去基（LG）必須是在平面的異邊（antiperiplanar），這會決定你得到的是兩個立體異構物中的哪一個。至於究竟是哪一個，最好的辦法是用紐曼投影式去畫，那樣你就可以隨意轉動，得到讓 H 跟 LG 在平面異邊的構形，這個構形能告訴你，你得到的立體異構物是哪一個。請看下面的例子。

練習 10.32 請預測下面這個脫除反應的產物：

答　案 區域選擇性告訴我們，產物會是一個取代基數目較多的雙鍵，所以生成的雙鍵在離去基的左邊而非右邊。

我們用一個強鹼，因此我們知道，反應機構應該是 E2 而不是 E1，所以反應有立體特異性。要搞清楚產物的組態，我們首先得把它的紐曼投影式畫出來：

其次我們轉動這個投影式，讓 H 和 Cl（在後面的碳上），互為「反式」（trans）構形：

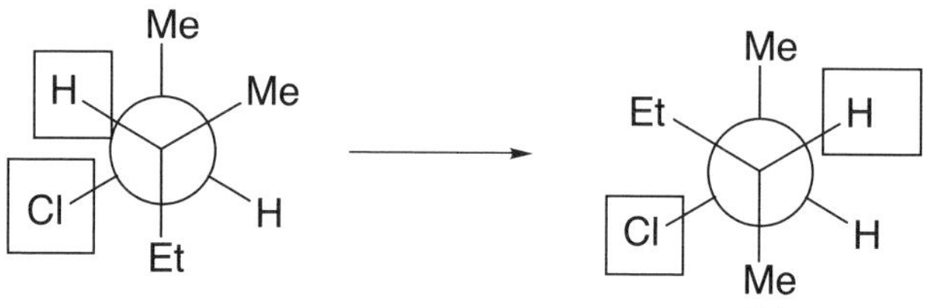

上圖右就是能發生反應的構形，此時反應促使雙鍵在前後兩個碳原子之間形成，因此這個紐曼投影式告訴我們，生成的雙鍵會是「順式」或「反式」：

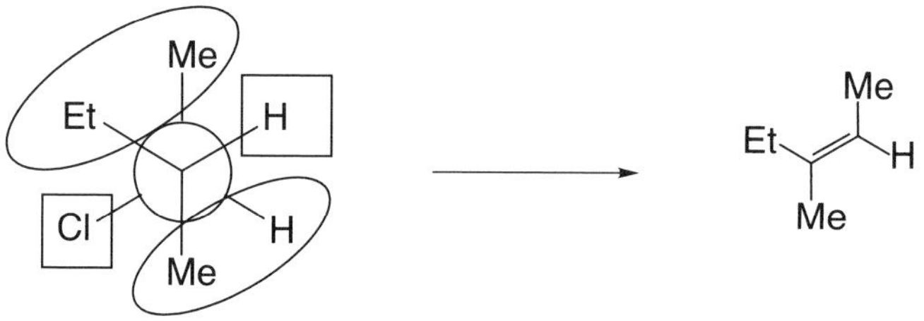

我們看到產物為反式雙鍵。在此例子裡，因為 E2 反應有立體特異性，我們得不到順式的雙鍵產物。

為了決定從 E2 反應裡可以得到哪一個立體異構物，你需要練就畫紐曼投影式的好功夫。如果發覺你畫紐曼投影式的本事有些生澀，你應該趕緊回頭複習第 6 章的第 6.1 和 6.2 節，熟練後再回來用紐曼投影式決定以下各題中反應的立體化學。

習　題 檢視次頁各題中的化合物，預測它經由 E2 反應會生成什麼產物（假設得到的都是柴澤夫產物，重點在立體化學）：

10.33 _____ _____
　　　　　 紐曼投影式　　　　　　　 產物

10.34 _____ _____
　　　　　 紐曼投影式　　　　　　　 產物

10.35 _____ _____
　　　　　 紐曼投影式　　　　　　　 產物

10.36 _____ _____
　　　　　 紐曼投影式　　　　　　　 產物

有些情況下，取代反應脫除反應會同時發生。事實上，同時發生的情形還經常有。在這些特殊情況下，我們需要決定四個反應機構（S_N2、 S_N1、 E2或E1）中，哪一個最為強勢。我們將在第12章（第12.3節）中討論這個問題。

第**11**章

加成反應

　　在上一章中，我們看到了一個分為四階段的方案，是要讓你在沒有明確的指導下，能自行學習。現在讓我們複習一下，看看進度到了何處。下面是這四個階段：

1. 之前討論取代反應時，是由本書提供全部資訊，讓你透過反應機構的分析，了解每一個有關因素。

2. 進入脫除反應時，你被逐步告知如何靠自己發掘有關反應的種種（反應機構、因素等等）。而你一路上記錄下所得的資訊（形式為圖表及圖畫）。

3. 在這一章（加成反應）中，你將被要求在有限的幫助下，畫出各個加成反應的反應機構，並記錄下重要的因素。

4. 最後，當研讀完這一章後，你將把之前遇到並累積下來的所有反應機構及相關資訊，全部記錄到從第 8 章後面影印出的空白表格內。屆時，你擁有的各種工具將足以研判之後課程中的任何反應；你將知曉如何檢視各種反應機構，以及尋找出決定區域選擇性和立體化學的不同因素；你將為每一個你

　　　學過的反應做紀錄（利用第 8 章表格）；以及考前複習時你會

　　　知道應該注意哪些重點。

現在讓我們繼續努力、開始方案的第三階段。

　　我們在前兩章內看到，反應機構是徹底了解反應的關鍵，所以

我們應該從反應機構著手。對於每一個反應的學習，你需要把注意

力專注到它的反應機構上。一旦你掌握了反應機構，區域選擇性和

立體化學就難不倒你啦！

　　在加成反應中，區域選擇性指的是：在反應中加上去的兩個基

團，跑到雙鍵的哪一端。當我們把兩個基團（讓我們稱它們為 X 跟 Y）

加到一根雙鍵上，可能的結果有二個：

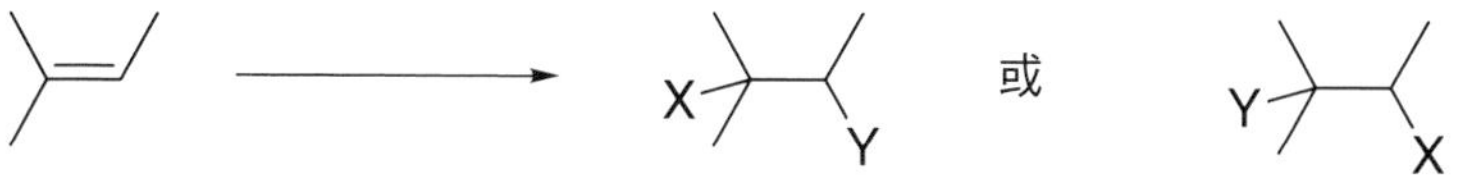

讓我們看一個特殊的例子。

　　考慮把 HCl 增加到一根雙鍵上：

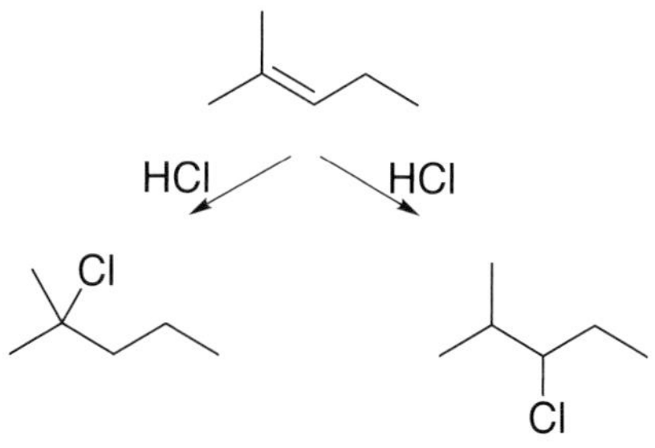

如上圖所示，把 H 跟 Cl 加入的方式有二個。我們會得到哪一個產

物呢？

　　其中一個可能是把 Cl 加到取代基較多的碳上，另一個可能是把

Cl 加到取代基較少的碳上，把 Cl 加到取代基較多的碳上稱為馬可尼

可夫加成，把 Cl 加到取代基較少的碳上則是反馬可尼可夫加成。在

這個反應裡，我們得到的產物是馬可尼可夫加成。答案當然也是藏在它的反應機構裡。

　　在這個反應機構裡，第一步是雙鍵上的電子去攻擊 HCl 上的質子，這一步的發生需用到兩根彎曲箭，第一根是從雙鍵指向質子，第二根則是從 H—Cl 鍵指向 Cl 原子。當然要這樣做有兩個方式：

H—Cl　　　　　　　　　　H　⊕　較不穩定

H—Cl　　　　　　　　　　⊕　H　較穩定

這兩種可能的不同處，在第一步裡 H⁺ 的去向。兩種可能方式的產物都是碳陽離子。你該記得烷基有給電子的性質，所以三級碳陽離子比二級碳陽離子穩定。接下來的步驟裡，Cl⁻ 將來到碳陽離子的所在處，也就是取代基較多的碳上：

Cl⊖　　　　　　　Cl
H

所以你瞧，氯最後在哪裡，取決於碳陽離子的穩定性，在我們明白了反應機構後，這個結果就變得非常明顯。再次證明了，任何反應的反應機構都絕對有助於解釋它的區域選擇性結果。

　　在面對加成反應的時候，你必須永遠顧慮到它的區域選擇性。有些時候你會發現它並不是問題，比方說，如果你加到雙鍵上的是

H 和 H，那麼區域選擇性就不是問題，因為無論雙鍵哪一端的碳得到第一個 H，結果並無不同，都是兩端各得一個 H。同樣地，如果你加到雙鍵上的是兩個 OH 基，區域選擇性也不會造成任何差異。總之，只要你增加到雙鍵上的是兩個相同的基團，就用不著顧慮區域選擇性。

現在讓我們把焦點轉到立體化學上。在加成反應裡，立體化學告訴我們在三維空間中，基團是如何加到雙鍵兩端的碳上。可能的結果有二：順式加成跟反式加成。現在讓我們看幾個例子，幫助我們進一步的了解。

首先考慮把 OH 跟 OH 加到雙鍵的兩邊，我們剛才提到，由於加上去的兩個基相同，因此沒有區域選擇性的問題，那麼立體化學又如何呢？

在此反應中，我們製造出兩個立體中心，因此可能的結果共有四個，就是：RS、SR、RR 和 SS。然而事實上我們會得到哪幾個呢？在這四個可能結果中，包含了兩組鏡像異構物：RR 和 SS 為一組，RS 和 SR 為另一組。問題是我們會得到兩組（意指全部四個產物），還是只有其中一組鏡像異構物？答案是得看反應如何進行。

如果加成反應依循一個只允許順式加成的反應機構，也就是說，加入的兩個取代基只能從雙鍵的同一側進入，那麼我們只能得到一組鏡像異構物做為產物：

如果它依循一個只能允許反式加成的反應機構，加入的兩個基團必須在雙鍵的相對兩側，同樣地我們也只能得到一組產物，只是上一組的兩個基團位於同側，而這一組的位於異側：

有的時候，這個反應不具立體選擇性。換句話說，它同時進行順式加成和反式加成，那麼我們就會得到全部四種產物（兩組鏡像異構物）。

其實每一個加成反應都各不相同，有的只發生順式加成，另一些只發生反式加成，還有的卻沒有立體選擇性。所以對於每一個加成反應，你都需要知道加成過程中的立體化學，而該資訊也是包含在反應機構中。

在上面的例子裡，把 OH 和 OH 加到一根雙鍵上（用 OsO_4 當作反應試劑），僅會發生順式加成：

我要再次強調，任何一個反應的立體化學資訊都是包含在反應機構內，所以要了解反應的種種，第一步就是搞清楚它的反應機構。

重要的是：你應該如何研讀加成反應呢？對於遇到的每一個加成反應，你首先必須把它的反應機構畫下來。在把反應機構的來龍去脈了解透徹後，才可以去分析它的立體化學和區域選擇性問題，並根據該機構去審視判斷結果是否正確。之後你就能遊刃有餘地去了解教科書上，提到的任何可以左右加成反應的因素。而這些

因素常能幫助你決定：反應何時發生、進行得多麼迅速。不過加成反應的因素並不像影響取代反應和脫除反應的那麼多項，通常教科書上提到的僅有一、兩項而已。你應該把每一個反應的影響因素，簡單扼要地記錄到從第 8 章影印出的表格上，寫下反應機構，以及有關區域選擇性和立體化學方面的重點訊息。如果你把每一個學到的反應（不僅加成反應）都花一番功夫記錄下來，到頭來你的有機化學成績絕對會是一把罩。

　　這兒是一個簡單的例子：

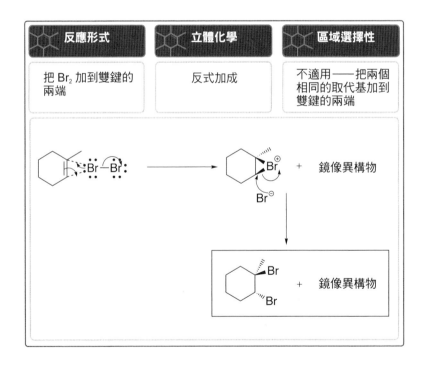

不要臨時抱佛腳，到了期末考的前一天才開始把每一個反應填進表格裡。你必須在平日裡，隨著學習進度，把新的反應做即時記錄，時時更新。

第  章

預測產物

 12.1 **預測產物的幾個基本訣竅**

在之前數章中，我們看到了種種的反應機構，它們在解釋反應的區域選擇性及立體化學時，展現了無堅不摧的力量。對這些觀念的透澈了解之餘，讓我們有能力去預測反應的產物，而這就是本章內容的主軸。

一般說來，涉及的步驟並不多，每回要決定一個反應的產物時，你需要問三個問題：

1. 發生的反應是屬於哪一類？

2. 反應的區域選擇性為何？

3. 反應的立體化學為何？

經過研讀每一個反應的機構，然後逐一記錄在從第 8 章影印下來的表格（簡稱第 8 章表格）後，你將會對反應的這三方面瞭若指掌，之

後預測產物就易如反掌了。讓我們舉個例子來說明。

練習 12.1 請預測下面反應的產物：

(1) BH$_3$ / THF

(2) H$_2$O$_2$ / OH$^{\ominus}$

答　案 如果你曾經學過這個反應，而且也已花功夫把它記錄在從第 8 章表格上，那麼你已經知道反應的區域選擇性和立體化學。讓我們回答上述的三個問題：

1. 發生的反應屬於哪一類？
   ——把 H 和 OH 增加到雙鍵的兩端。
2. 反應的區域選擇性為何？
   —— OH 到取代基較少的碳上（反馬可尼可夫加成）。
3. 反應的立體化學為何？
   ——順式加成。

現在我們回答了全部的三個問題，接下來就把產物畫出來（順式加成會形成一對鏡像異構物，別忘了把它們兩個都畫出來）：

如果沒有問那三個問題，你就畫不出正確的產物。許多學生會漏掉問題 2 或問題 3（有時兩個都漏掉），結果答案往往錯誤，原因很顯然，只有把區域選擇性和立體化學都搞對，答案才會正確無誤。

12.2　加緊練習

　　這一節提供一個方向，讓你練習預測產物。我們曾經一直說，在學習有機化學的過程中，你應該把每一個學到的反應都記錄到第 8 章清單中。現在你要在本章內另闢一組新的清單，今後學到新反應時，要把新反應也記錄在畫著箭號的新清單中，但是不要填入反應機構，也不要畫出產物來，只是在箭號左邊寫下它的起始物，在箭號上下寫下反應試劑，例如：

$$\text{(1) BH}_3 \text{ / THF}$$
$$\text{(2) H}_2\text{O}_2 \text{ / OH}^{\ominus}$$

　　隨著你學到更多反應，這個清單也會增長。你每登記完五個反應後，記得去把這頁影印一張，然後來一次自我測驗，在影印頁填寫各個反應的產物。如果發現有不能順利寫出答案的情形，或有任何其他疑義，馬上翻開第 8 章表格，找出該反應的紀錄，據以回答問題。如果在第 8 章表格上沒找到你要的答案，你也可以從教科書或課堂筆記裡，尋找出上述三個問題（哪類反應？區域選擇性為何？立體化學為何？）的答案。每累積五個新反應後就重複一遍上述的複習程序。

　　如果之後在有機化學課程進行過程中，你能如此繼續不斷地練習，你自然就會變成預測反應產物的高手。你面臨的最大挑戰是堅持平日努力並持之以恆。如果平時偷懶，不馬上整理、練習（大多數同學都是如此），考前才開始抱佛腳，你會發現很難獲得好的效果。所以千萬不要蹈他人覆轍，成功訣竅就在不可急就章，每晚學習一點點，長此以往，就能按部就班而水到渠成。清單就從下頁起。

記住不要填入反應的產物或反應機構。在箭號的左邊，畫出反應
物，把反應試劑畫在箭號上方。箭號右邊空著，只在影印頁上填入
應得的產物：

填完了五個反應的反應物和試劑後，影印全頁，然後在影印頁上填
入各個反應的產物。

填完了五個反應的反應物和試劑後，影印全頁及上一頁，在兩張影印頁上填入各反應的產物。

這兩頁當然不敷使用。你可以另外用普通白紙，展延此清單。

12.3 取代反應 vs. 脫除反應

　　當你必須同時考量取代反應跟脫除反應時，預測產物會變得相當具挑戰性。到目前為止，我們看到的都是把這兩種反應分開來討論。但是事實上，這兩種反應通常會一併發生且相互競爭。要正確預測產物，你需要比較所有對取代反應**以及**脫除反應有影響的因素，然後決定四個可能的反應機構（S_N1、S_N2、 E1、 E2）中哪一個占了上風。

　　至於決定產物的方法仍然相同，我們問同樣的三個問題：

1. 發生的反應屬於哪一類？
2. 反應的區域選擇性為何？
3. 反應的立體化學為何？

　　這三個問題之所以變得更具挑戰性，主要是問題 1（反應屬於哪一類）處理起來比較麻煩。你得分析所有的四個因素：受質、反應試劑（也許是親核基或鹼）、離去基以及所使用的溶劑。一旦你分析過所有四個因素後，你才能決定會進行哪些反應機構。然後對每一個正在進行的反應機構，你需要問剩下的兩個問題（區域選擇性和立體化學），以便畫出產物。

　　讓我們快速地複習這四種機構的各自區域選擇性和立體化學：

S_N1

　　立體化學：消旋性

　　區域選擇性：不適用（該親核基只攻擊原先連接離去基的碳）

　　例如，

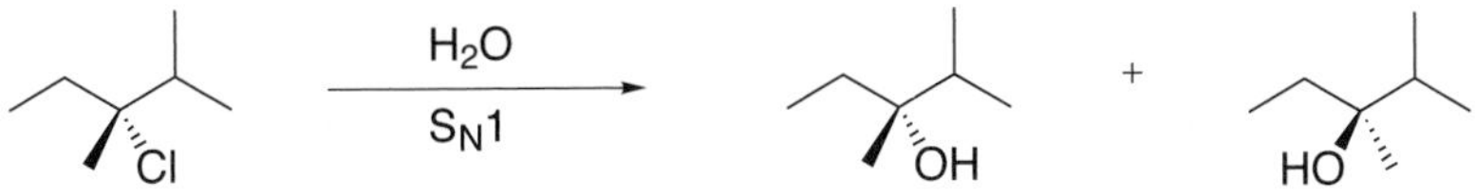

S_N2

立體化學：反轉原有的組態

區域選擇性：不適用（該親核基只攻擊原先連接離去基的碳）

例如，

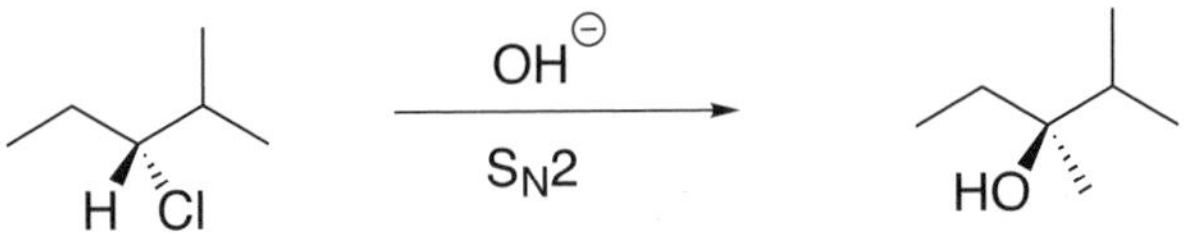

E1

立體化學：如果產物有順／反（cis/trans）兩個同分異構物的可
能，則兩個產物都會出現

區域選擇性：會形成取代基較多的雙鍵（柴澤夫產物）

例如，

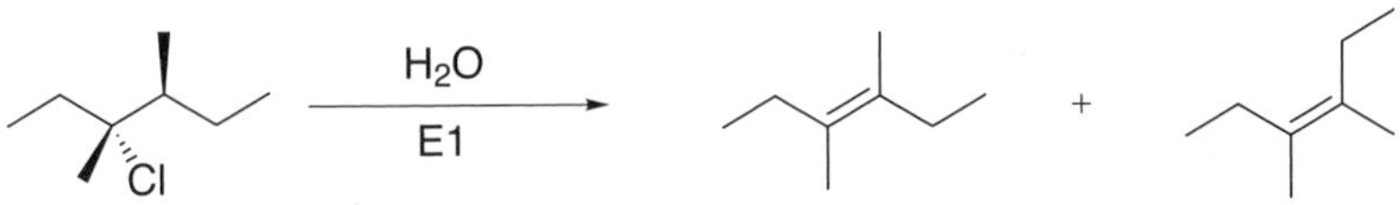

E2

立體化學：如果有順／反異構物，你會得到把 H 和 LG 轉到同
一平面兩邊（畫出它的紐曼投影式）的那個。

區域選擇性：一般情形下會形成取代基較多的雙鍵（柴澤夫產
物）。如果使用具有立體阻礙的強鹼，則會形成取代基較少
的雙鍵（霍夫曼產物）

例如，

反應可以產生一個以上的產物。比方說，你可能會發現，S_N2 和 E2 在進行競爭，所以同時獲得這兩種反應機構的產物。這樣的結果沒有錯誤，一個反應不必只有一個產物。這兒還有幾項額外的資訊可以幫助於你決定，究竟只有一種反應機構或有一種以上的反應機構牽涉其中：

1. 有些反應試劑是極好的親核基，卻非好的鹼。另一些試劑為極好的鹼，卻非好的親核基。我們在本書第 10 章（第 10.3 節）已經討論過此點。如果你現在還搞不清楚，為何鹼跟親核基在定義上不同，趕緊翻回到該節複習一番。你應該對以下這些反應試劑不陌生：

   • 親核基（卻拒絕當鹼）：F^-、Cl^-、Br^-、I^-、CN^-、RS^-、RSH。當你看到有這些試劑在場，就無需顧慮脫除反應了。

   • 鹼（不肯當親核基）：H^-。當你看到這個試劑在場，就無需考慮取代反應。

   • 其他你將見到的試劑都可當親核基或鹼使用。

2. 注意溫度。如果提到了反應溫度，高溫（100℃或以上）會偏向得到脫除反應的產物，而低溫（如室溫）則偏愛取代反應的產物。

3. 雙分子反應一般都比單分子反應的速度快，所以在一切條件相同的狀況下，S_N2 會比 S_N1 快，而 E2 會比 E1 快。

讓我們做些練習題。

練習 12.2 請預測下面這個反應的產物：

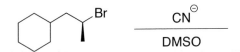

答 案 我們需要問三個問題：

1. 發生的反應屬於哪一類？

   我們在題目裡看到一個有離去基的受質，所以我們需要考慮取代反應和脫除反應。箭號上的反應試劑是很好的親核基，但並不是好的鹼，所以我們只需要考量取代反應。我們需要決定它依循的反應機構，究竟會是 S_N1 呢還是 S_N2？讓我們逐一分析有關的四個因素：

   - 受質為二級，幫不上什麼忙。
   - 親核基相當不錯（有負電荷），這使反應偏向 S_N2。
   - 好的離去基(但非極好或壞的)，所以告訴我們的消息不多。
   - 所用的溶劑（DMSO）是極性非質子性溶劑。這點可以讓我們更確定，我們有一個 S_N2 反應。

如此我們知道了第一個問題的答案（S_N2）。接下來，問剩下的兩個問題：

2. 反應的區域選擇性為何？

   此點不適用，因為親核基攻擊的目標。就是離去基原來連接的碳。

3. 反應的立體化學為何？

   反轉。

有了以上的分析結果，我們可以畫出產物如次頁所示。簡言之，我們用 CN 取代了受質中的 Br，而發生反應的碳，組態會反轉：

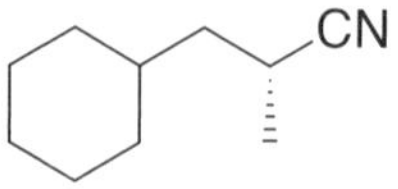

這個反應只有一個產物。不過有時候，一個反應可以得到一種以上的產物。

習 題 請預測以下各反應的產物。

12.3

12.4

12.5

12.6

12.7

12.8

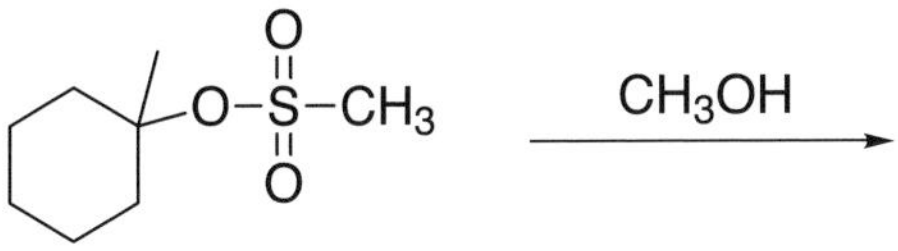

12.9

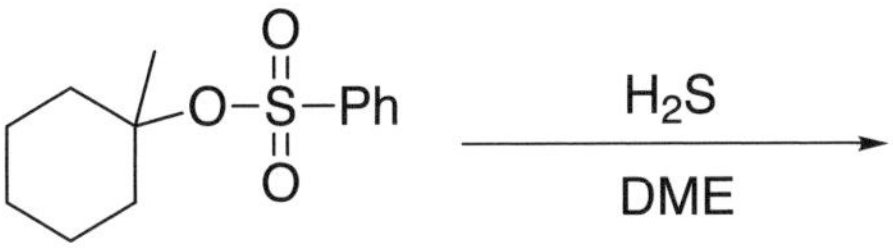

12.10

12.11

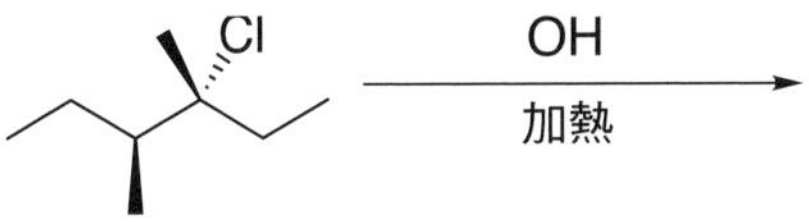

提示：你需要為此題畫出紐曼投影式。

12.12

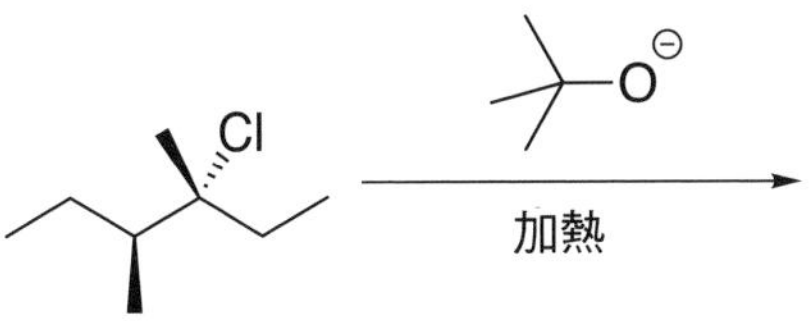

12.4 向前看

你必須訓練自己，習慣問下列三個問題：

1. 反應屬於哪一類？

2. 反應的區域選擇性為何？

3. 反應的立體化學為何？

因為它們在之後的有機化學課程裡，能幫助你預測遇到的反應，會有什麼產物。只要你對這三個關鍵問題謹記在心，預測產物就難不倒你啦！

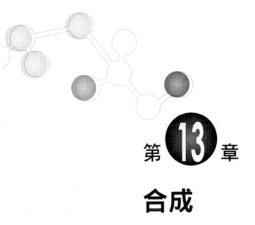

第13章

合成

　　合成實際上只是預測產物的背面罷了。在任何一個反應裡，牽涉到的化合物不外乎三類：起始物、反應試劑及產物：

起始物 ──反應試劑──→ 產物

上面的式子如果獨缺產物，那麼你面對的是「預測產物」的題目：

起始物 ──反應試劑──→ ?

當缺少的是反應試劑，你面對的是「合成」的題目：

起始物 ────?────→ 產物

現在，我們看到了預測產物跟合成之間的相似之處，也同時了解，對每一個反應來說，我們需要知道的資訊，跟預測產物時需知道的一樣，就是前述的三個問題：

1. 屬於哪類反應？

2. 區域選擇性為何？

3. 立體化學為何？

記住，這三項資訊都包含在反應機構裡，因此解題的著手點應該是掌握住反應機構，如此才能徹底了解每一個反應的這三項資訊。經由這個過程，你才擁有解決合成問題的基本思考要件。

　合成問題可以很容易（如果反應只有一步），也可以很困難（如果反應不只一步）。課程裡當你一旦開始學習各種有機化學反應後，教科書裡就會陸續出現合成問題。當然一開始遇到的都是簡單的一步反應，後來才會出現多步驟的合成。在多步驟的合成反應裡，你常常有可能得到一個跟起始物大不相同的產物。譬如，檢視下面這一系列反應，眼前我們先不要計較，每一步的變化是如何產生的，而只注意一件事實，那就是每一步只把化合物做少許的變化，然而到了最後，產物可是跟起始物全然不同：

我們看到，只要進行三步或四步反應，就能使得合成問題變得很困難。如果你把上面這一系列變化改變成一個合成問題，它會看起來如下：

　　如果你一開始遇到合成問題就覺得非常棘手，這並不稀奇，最糟糕的情形是你雙手一攤表示放棄，同時宣稱：「看吧！顯然我對解決這種問題毫無天分。」如果你抱持這樣的態度，你的有機化學成績就只會每況愈下。為什麼呢？讓我們把學習有機化學跟西洋棋作個比較。

　　想像你正在學習下西洋棋，首先你得搞清楚棋盤上有哪些棋子、它們的名稱、開局時的所在位置等等，然後你得學會每個棋子的走法，及如何吃掉對方的棋子。當你實地下第一局棋，你會發覺下棋過程裡牽涉到許多策略的運用，而大部分的策略都得預先考慮不只一步的走法。所以絕非僅只知道每個棋子怎樣移動，就能克敵制勝，下得一手好棋。你在每移動一步棋之前，還需要想到對手會怎樣因應，然後你要如何進逼。可能的話，不但要能繼續攻擊對手，讓他疲於奔命，無力還擊，還要逐步布局，營造出最後能一舉「將軍」對手的局面。你想想，如果你僅知道每個棋子的走法就對自己說，自己不擅長運用策略而放棄，那麼你一開始就乾脆別學下棋算啦！因為你放棄的部分正是吸引人們下棋的動力，所以你如果不學習下棋的策略，就別下棋。

　　有機化學也是如此，合成講究的正是策略，同樣需要預先想好數個步驟，而你必須學習如何解答合成問題。你不能告訴自己說，由於你不擅長解答合成問題，所以要把功夫花在有機化學非合成的問題上。其實**合成就是有機化學的精髓**，有機化學課程的後半部內容雖然是各種反應，目的卻都是要把它們運用在解決合成問題上。到目前為止，你所學到的一切，都是要讓你逐步建立起解決合成問題的本領。要成為箇中高手，唯一可行的門道就是多多練習，千萬不能偷懶，也不要以為躲過了合成，就能蒙混過關。事實上如果你有任何類似僥倖想法，你會發現你的成績會直直落，到達你看了也難過的地步。

不過其中還是有些技巧，可讓你對合成問題不那麼頭痛，也有些練習，可讓你較有效率地增進解決合成問題的能力。這就是本章要介紹的。

13.1 一步合成

之前我們提過，一步合成是我們最早要面對的合成問題。它們不會比前述的預測產物問題更難。在進入高難度的多步驟合成之前，一步合成可讓你心情放鬆，建立自信。

熟練解答一步合成問題的撇步，如同上一章裡對付預期產物的方式一樣，也需要一個很類似的問題清單。在第 12 章設計的清單裡，我們故意把產物部分留白，以便重複影印，然後在影印頁上不斷自我考試，增強記憶。這個清單內容為同一批反應，只是留白的部位不同，我們把箭號上下該有的反應試劑給空下來。以後練習時，我們可以重複影印，試著在影印頁裡填入反應試劑。

當你學到的反應愈多，清單的長度也隨之增加。同樣地，在每次增加了五個新的反應之後，記得去影印一份，然後來次自我考試，在影印頁上填寫反應試劑。如果發現不能順利寫出答案，或有任何疑義，你馬上可以翻回到第 12 章的清單上，找出該反應的紀錄，以回答問題。記住，每累積五個新反應後就重複一遍上述程序。

如果你能繼續不斷地這樣練習，假以時日，你一定會成為解答一步合成問題的高手。其中最大的挑戰是要持之以恆，絕對不要等到考前的最後一天，才臨陣磨槍。如果平日偷懶（大多數學生皆如此），你會發現考前的努力常事倍而功半，所以不要重蹈他人覆轍。修有機化學的成功訣竅就在不可急就章，每晚學習少許，長此以往，即能按部就班而水到渠成。臨時填鴨式惡補也許對其他科目有

用，但對有機化學一定無效。

下頁起即為此新的合成反應清單。

現在，先跳過後面的清單，翻到第 342 頁，我們來討論一些有助於解答合成問題的技巧。

記住先不要填入反應試劑或反應機構。每一根箭號用來記載一個反應，只要把起始物填在箭號左端，產物填在右端。箭號上下留白，留待全頁填妥影印後，才在影印頁上填入。

在填完了上面五個反應的起始物和產物後，影印全頁，然後在影印頁上填入各反應的反應試劑。

在填完了上面五個反應的起始物和產物後，影印本頁與前一頁，在
影印頁上填入各反應的反應試劑。

填完了上面五個反應的起始物和產物後，影印本頁與前兩頁，在影
印頁上填入各反應的反應試劑。你可以另外增加普通白紙，展延此
清單。

多步驟合成

　　為了解答多步驟合成問題，你需要學習思考如何把一個以上的反應連接起來。如果你仔細複習累積的反應，你會發現某些反應的產物正是其他反應的起始物。比方說，你可以透過某些消除反應而形成雙鍵，另外的一些反應卻把試劑增加到雙鍵的兩端。所以如果你把這兩個反應搭配起來，可以創造出許多兩步驟的合成反應。從研討這些可行的兩步反應中，你可以了解並進而設計出，從特定起始物到特定產物之間，一個可行的多步驟合成計畫。

　　讓我們舉例說明。下面是一個形成雙鍵的反應，它的起始物為炔類（alkyne），你遲早會學到這個反應：

$$\xrightarrow[\text{Lindlar催化劑}]{H_2}$$

接下來請考量一個雙鍵的加成反應：

$$\xrightarrow{OsO_4}$$

如果我們把以上兩個反應結合起來，會得到如下的一個兩步驟合成：

$$\xrightarrow[\text{(2) } OsO_4]{\text{(1) Lindlar 催化劑}}$$

從現在起，你應該開始進行一些這方面的實際操作。比方說，你也許會學到 5 個不同反應都是得到雙鍵的，另外有 10 個反應都牽涉到試劑與雙鍵發生作用，如果你把它們組合起來，成為兩步驟合成，就差不多可以得到 50 個組合。如果把所有一步反應都組合起來，數目會多到無法列成清單。兩步驟合成已經很複雜了，三步驟合成的多

樣性更是叫人咋舌，其變化之多，如同前述西洋棋局的情況。

在下西洋棋時，你當然不可能在腦海裡，把每一個棋子在每一個位置該怎麼走的最佳走法記住，並依此下棋，因為選擇實在太多了。你能做的是分析局勢，走一步算一步，然後依靠重複練習，從經驗中逐漸體驗出較佳的因應之道。當你有了相當心得之後，接下來開始盤算的棋步就愈來愈多。所以讓我們從之前提到的 50 種反應開始，這其中包括製造雙鍵及加成反應的兩步驟合成反應。

同樣的，由於可能的組合太多，你不太可能把有機化學課中學到的反應，全數組合成兩步驟合成的清單。不過如果你從前述的 50 個反應組合清單著手，你的解題考慮模式將會有所改進，從單一步驟進步到多步驟的考量。做法是另外用一些白紙，把你目前已經學得的反應，組合成一些兩步驟合成，製造一個 50 個左右組合的清單。如果在一時間蒐集不到 50 個組合也不打緊，因為只要你寫下十幾二十個組合，這其間的過程就足以讓你領會多步驟考量了。

你做完這個練習後，我們會開始把焦點轉移到重要的技巧，以這些技巧分析你未見過的複雜問題，這些技巧就是下一節的主題。

 13.3 溯徑合成分析法

我首先要強調，當你初次見到一個合成問題時，我們並不期望你能即刻知道答案。而且太多學生一看到到他們不知如何解決的合成問題時，會變得過度焦慮。學生常常會太過緊張，你應該放輕鬆一點，習慣就好。再回到下西洋棋的類比上，當對手走了一步棋然後輪到你時，你不需要馬上做出因應。規則允許你謀定而後動，事實上你也的確應該在做因應前先考慮一下。

當你一時看不出解決方案時，如何思考多步驟合成問題呢？最

有用的一種技巧叫做**溯徑合成分析法**（retrosynthetic analysis），意思是倒過來分析。讓我們舉個例子來了解一下：

上面這個問題顯然是個多步驟合成的問題，原因很簡單，因為就我們所知，沒有一步合成的方法能夠完成這個反應。而我們最好的辦法是先看產物，由產物往前推。

從上圖我們看到，產物是個二溴化物（dibromide），於是我們自問，在已知的反應中，有沒有產物為二溴化物的一步合成反應？所以你瞧，要解決這個問題，先決條件是你必須對所有一步合成反應都不陌生。如果你發覺自己對所學過的一步合成反應，尚不能百分之百掌握，那麼你應該把書翻回到本章開始的部分，先把一步合成的部分弄個滾瓜爛熟之後再回來（當然如果你是位超好奇的學生，想探知其中究竟，繼續讀下去也無妨）。

所以你應該能馬上認出，如何把雙鍵化合物變成二溴化物。讓我們把用來形成產物的烯類（alkene）跟反應試劑畫上去：

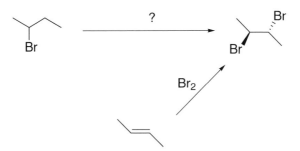

看起來我們離解題又接近了一步。接下來要問的是，有沒有辦法把起始物變成具有雙鍵的中間產物。我們知道脫除反應可以達到目的，所以把它放進來就解決了這個合成問題：

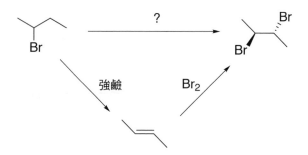

　　請注意，解答中每一步的區域性選擇和立體化學，都必須是正確的，你不能使用會造成不當區域性選擇和立體化學產物的步驟。此外我認為，為了能夠立即回答這樣的考題，你可能會想把教科書上所有兩步驟合成反應都背誦下來，但那很不實際，即使你投入許多精力和時間，硬是把教科書上的兩步驟合成統統默記下來，但若碰到的問題需要三步或四步，豈不是照樣回答不了？所以最有效的方法是：首先確切掌握所有一步合成反應，其次熟悉反推實驗的思考模式，從最後的產物向起始物的方向推進。要讓這一步做起來駕輕就熟、遊刃有餘，完全得靠平日多多練習。

　　如何練習呢？在這個節骨眼上我們可是遇到了一個大難題，那就是我沒有辦法提供一套合適的題目給你練習。因為各地的有機化學課程，進度並不一致，各有不同的順序，每次考試的時機皆不相同，我給出的練習題，不會對各地的學生都合適。那該怎麼辦呢？其實很簡單，你可以為你自己量身打造出一套合適的題目！下一節的內容就告訴你如何著手進行。

13.4　創造你自己的練習題

　　創造自己的練習題並不如想像中的困難。你只須從之前所蒐集

的反應清單（依據本書第 8、12 跟 13 章設計的表格清單）中，任選出一個反應來，把它抄在紙上，注意看看該化學反應的產物為何，然後另選一個你曾經學過、以此化合物為起始物的反應。你瞧，這跟前述解決合成問題的倒推法相反，創造題目時則從起始物著手，看它第一步轉變成什麼，畫出產物後繼續進入第二步。如此重複了兩步、三步或四步後，只要你高興，隨時可以動手把中間各部分抹去，只留下第一個化合物跟最末的產物，兩者之間再畫一根箭號，你就創造出一個題目啦！

不過這個辦法有個缺憾，由於題目是你出的，用來考驗自己未免挑戰性會嫌不足。為了彌補缺憾，你可以找朋友合作，每人各製作 10 個或 20 個多步驟合成的問題，彼此交換考題來練習。你會發現這個方法對你的學習非常有幫助，而且你找到的合作對象愈多，學習效果就愈大。千萬不要覺得不好意思，不只是你需要朋友互相合作去做所需的練習，同儕間的相互支持，也使學習過程更有意義和價值。如果你在閱讀本書，你的同班同學也有可能有這本書，所以他們也會有跟你同樣的需求，所以跟他們合作不只利己，也是幫助他人之舉。

甚至假如你找不到朋友來跟你交換練習題，創造你自己的練習題仍然是很有價值的訓練，創造練習題的過程本身就很有用，它無形中讓你熟悉以多步驟考量方式去解決合成問題。

總而言之，以下是增進解決合成問題能力的三個重點：

1. 以不斷的複習的手段，把所有一步合成反應記得滾瓜爛熟。
2. 訓練自己用倒推的方式解題。
3. 以及，做一大堆練習。

祝你過關斬將，勝利成功！

習題解答

第 1 章

1.2) 12
1.3) 6
1.4) 6
1.5) 6
1.6) 5
1.7) 6
1.8) 7
1.9) 8
1.10) 7
1.11) 4

1.13)

1.14)

1.15)

1.16)

1.17)

1.18)

1.19)

1.20)

1.21)

1.22)

1.23)

1.24)

1.25) 以OH取代了Cl
1.26) 在雙鍵兩端各增加了一個OH基
1.27) 去除H和Cl，形成了雙鍵
1.28) 把Br和Br加到雙鍵兩端
1.29) 去除H和H，形成了雙鍵
1.30) 以SH取代了I
1.31) 去除H和H，形成了參鍵
1.32) 把H和H加到參鍵兩端
1.34) 無形式電荷
1.35) 正的形式電荷
1.36) 負的形式電荷
1.37) 無形式電荷
1.38) 正的形式電荷

1.39) 負的形式電荷
1.40) 正的形式電荷
1.41) 負的形式電荷
1.42) 無形式電荷
1.43) 正的形式電荷
1.44) 無形式電荷
1.45) 無形式電荷

1.47)

1.48)

1.49)

1.50)

1.51)

1.52)

1.54)

1.55)

1.56)

1.57)

1.58)

1.59)

1.60)

1.61)

1.62)

1.63)

1.64)

1.65)

1.66)

1.67)

1.68)

第 2 章

2.2) 違背了第二條戒律：
氮不能有五根鍵
2.3) 沒有違規
2.4) 違背了第二條戒律：
碳不能有五根鍵
2.5) 違背了第二條戒律：
氧不能有三根鍵和
兩對未共用電子對
2.6) 違背了第二條戒律：
碳不能有五根鍵
2.7) 違背了第二條戒律：
碳不能有五根鍵
2.8) 同時違背了第一和第二條戒律
2.9) 同時違背了第一和第二條戒律

2.10) 沒有違規

2.11) 沒有違規

2.12) 違背了第二條戒律：
碳不能有五根鍵

2.14)

2.15)

2.16)

2.17)

2.18)

2.19)

2.21)

2.22)

2.23)

2.24)

2.25)

2.26)

2.27)

2.28)

2.30)

2.32)

2.33)

2.34)

2.35)

2.36)

2.37)

2.38)

2.39)

2.40)

2.41)

2.42)

2.43)

2.44)

2.45)

2.46)

2.47)

2.48)

2.49)

2.50)

2.51)

2.52)

2.53)

2.54)

2.55)

2.56)

2.57)

2.58)

2.59)

2.60)

2.61)

2.62)

2.63)

2.64)

2.65)

2.66)

2.67)

2.68)

2.69)

2.70)

2.71)

2.72)

2.73)

2.74)

$$\left[\begin{array}{c} \text{NH}_2 \\ \end{array} \longleftrightarrow \begin{array}{c} \overset{+}{\text{NH}_2} \\ \end{array} \right]$$

2.75)

$$\left[\begin{array}{c} \overset{\oplus}{N}\overset{\ominus}{O} \\ \overset{|}{O} \end{array} \longleftrightarrow \begin{array}{c} \overset{\oplus}{N}\overset{\ominus}{O} \\ \overset{|}{O} \end{array} \longleftrightarrow \begin{array}{c} \overset{\oplus}{N}\overset{\ominus}{O} \\ \overset{|}{O}^{\ominus} \end{array} \right]$$

注：上面最後的共振結構，有一個以上的電荷。一般而言，有四個電荷的共振結構並不重要。但有硝基的化合物是例外，因為硝基本身就有一正一負兩個電荷，所以含有硝基的化合物，除了硝基上原有的兩個電荷，共振時還會再加上兩個電荷。

第 3 章

3.2)

3.3)

3.4)

3.5)

3.7)

3.8)

3.9)

3.10)

3.11)

3.12)

3.14)

3.15)

3.16)

3.19)

3.20)

3.21)

3.22)

3.23)

3.24)

3.25)

3.26)

3.27)

3.28) HBr
3.29) H_2S
3.30) NH_3
3.31) H—≡—H

3.32)

3.33) Cl_3C ... CCl_3

3.35)

3.36)

3.37)

3.39)

3.40)

3.41)

3.42)

3.43)

3.44)

3.45)

3.46)

第 4 章

4.2) sp^2
4.3) sp
4.4) sp^3
4.5) sp^2
4.6) sp^3
4.7) sp

a = sp^3
b = sp^2
4.8) c = sp
4.10) 都是sp^2和平面三角形

a = 正四面體、sp³
4.11) b = 平面三角形、sp²

a = 正四面體、sp³
4.16) b = 平面三角形、sp²

a = 正四面體、sp³
b = 平面三角形、sp²
4.12) c = 直線、sp

a = 正四面體、sp³
4.17) b = 平面三角形、sp²

第 5 章

a = 正四面體、sp³
b = 平面三角形、sp²
c = 曲形、sp²
4.13) d = 三角錐形、sp³

5.2) 酮（-one）
5.3) 酯（-oate）
5.4) 醛（-al）
5.5) 胺（-amine）
5.6) 醇（-ol）
5.7) 醇（-ol）
5.8) 醛（-al）
5.9) 酮（-one）
5.10) 酸（-oic acid）
5.12) 烯（-en-）
5.13) 炔（-yn-）
5.14) 二烯（-dien-）
5.15) 三烯（-trien-）
5.16) 三烯（-trien-）
5.17) 烯二炔（-endiyn-）
5.19) 己（hex）
5.20) 庚（hept）
5.21) 戊（pent）
5.22) 壬（non）
5.23) 辛（oct）
5.24) 己（hex）
5.25) 己（hex）
5.26) 己（hex）
5.27) 戊（pent）
5.29) 兩個氯基
5.30) 溴、碘
5.31) 五個甲基
5.32) 六個氟
5.33) 甲基
5.34) 氯、三級丁基
5.35) 胺基、溴、氯、氟

a = 正四面體、sp³
b = 平面三角形、sp²
c = 曲形、sp²
4.14) d = 曲形、sp³

a = 正四面體、sp³
b = 平面三角形、sp²
c = 曲形、sp³
4.15) d = 直線、sp

5.36) 碘、氟、溴
5.37) 異丙基
5.38) 乙基、羥基
5.40) 反式
5.41) 反式
5.42) 反式
5.43) 順式
5.44) 順式
5.45) 反式

5.58) 4-乙基壬烷-3-醇（4-ethylnonan-3-ol）
5.59) 4,4-二甲基己-2-炔（4,4-dimethylhex-2-yne）
5.60) 4,4-二甲基環己酮（4,4-dimethylcyclohexanone）
5.61) 2-氯-4-氟-3,3-二甲基己烷
（2-chloro-4-fluoro-3,3-dimethylhexane）
5.62) 順-3-甲基己-2-烯（cis-3-methylhex-2-ene）
5.63) 2-乙基戊胺（2-ethylpentanamine）
5.64) 2-丙基戊酸（2-propylpentanoic acid）
5.65) 反-辛-2-烯-4-醇（trans-oct-2-en-4-ol）
5.66) 反-5-氯-6-氟-5,6-二甲基辛-2-烯
（trans-5-chloro-6-fluoro-5,6-dimethyloct-2-ene）

第 6 章

5.47)

5.48)

5.49)

5.50)

5.51)

5.52)

5.53)

5.54)

5.55)

5.57) 反-4-乙基-5-甲基辛-2-烯
（trans-4-ethyl-5-methyloct-2-ene）

6.2)

6.3)

6.4)

6.5)

6.6)

6.7)

6.9)

6.10)

6.11)

6.12)

6.13)

6.14)

6.16)

6.17)

6.18)

6.19)

6.20)

6.21)

6.24)

6.25)

6.26)

6.27)

6.28)

6.29)

6.31)

6.32)

6.33)

6.34)

6.35)

6.36)

6.38)

6.39)

6.40)

6.41)

6.42)

6.43)

6.44)

6.45)

第 7 章

7.2)

7.3)

7.4)

7.5)

7.6)

7.7)

7.9)

7.10)

7.11)

7.12)

7.13)

7.14)

7.15)

7.17)

7.18)

7.19)

7.21)

7.22)

7.23)

7.24)

7.25)

7.26)

7.27) S
7.28) R
7.29) S
7.30) S
7.31) R
7.32) R
7.33) R
7.34) R
7.35) S

7.37)

7.38)

7.39)

7.40)

7.41)

7.42)

7.44) (Z)-2-氟戊-2-烯
[(Z)-2-fluoropent-2-ene]
7.45) （1R,3R）-3-甲基
環己烷-1-醇[(1R,3R)-3-
methylcyclohexan-1-ol]

7.46) S-3-甲基戊-1-烯
（S-3-mentylpent-1-ene）

7.47) E-4-乙基-2,3-二甲基庚-3-烯
[(E)-4-ethyl-2,3-dimethylhept-3-ene]

7.48) （2E,4Z）-己-2,4-二烯
[（2E,4Z）-hexa-2,4-diene]

7.49) （2E,4Z,6Z,8E）-癸-2,4,6,8-四烯
[（2E,4Z,6Z,8E）-deca-2,4,6,8-tetraene]

62)

7.51)

7.52)

7.53)

7.54)

7.55)

7.56)

7.58)

7.59)

7.60)

7.61)

7.63)

7.65) 鏡像異構物
7.66) 非鏡像異構物
7.67) 鏡像異構物
7.68) 鏡像異構物
7.69) 非鏡像異構物
7.70) 非鏡像異構物
7.72) 內消旋
7.73) 非內消旋
7.74) 內消旋

7.76)
R

7.77)
R

7.78)
R

7.79)

7.80)

7.81)

第 8 章

8.2) 鍵 → 未共用電子對

8.3) 未共用電子對 → 鍵，然後鍵 →
未共用電子對

8.4) 未共用電子 對 → 鍵，然後鍵 →
未共用電子對

8.5) 未共用電子對 → 鍵，然後鍵 →
未共用電子對

8.6) 未共用電子對 → 鍵，鍵 → 鍵，
鍵 → 未共用電子對

8.7) 未共用電子對 → 鍵，然後鍵 →
未共用電子對

8.9)

8.10)

8.11)

8.12)

8.14)

8.15)

8.16)

8.17)

8.18)

8.19)

8.21) 氫氧根離子是親核基
8.22) 水是親核基
8.23) 水是親核基
8.24) MeCl是親電子基
8.26) 親核基
8.27) 鹼
8.28) 親核基
8.29) 鹼
8.30) 鹼
8.31) 親核基

8.32) 親核基

8.33) 鹼

8.34)

8.35)

8.36) 反式　　順式

8.37)

8.39)

8.40)

8.41)

8.42)

第 9 章

9.2) 兩個都有

9.3) S_N2

9.4) 兩個都有

9.5) S_N1

9.7) 否

9.8) 是

9.9) 否

9.10) 是

9.12) 兩個都有

9.13) S_N1

9.14) S_N2

9.15) S_N2

9.16) S_N1

9.17) 兩個都有

9.19) 好的

9.20) 極好的

9.21) 好的

9.22) 壞的

9.23) 好的

9.24) 壞的

9.25) 所有具有極佳的離去基的

9.26) 利用HCl去質子化OH，而使它變成一個極佳的離去基

9.29) S_N2

9.30) S_N1

9.31) S_N1

9.32) 兩者皆無

9.33) 兩個都有

9.34) S_N1

第 10 章

10.1) 參考你的教科書或課堂筆記

10.2) 反應速率受到兩個化合物濃度的影響

10.3) 參考你的教科書或課堂筆記

10.4) 反應速率只受其中一個化合物濃度的影響

10.5)

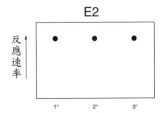

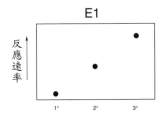

10.6) E2

10.7) E2

10.8) E2

10.9) 兩個都有

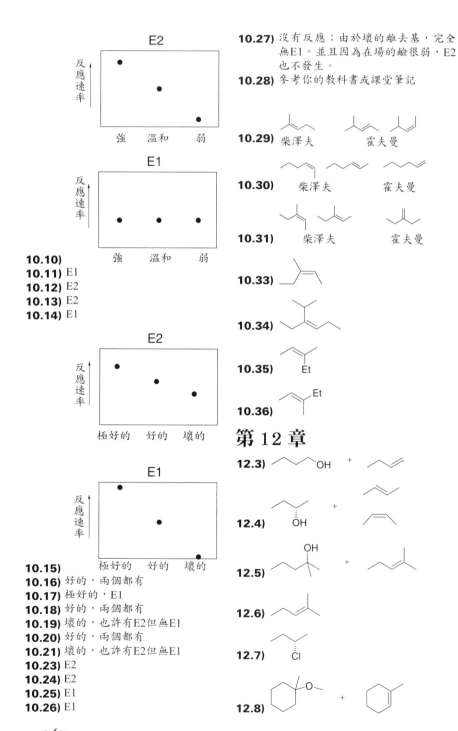

E2

反應速率

強　　溫和　　弱

E1

反應速率

強　　溫和　　弱

10.10)
10.11) E1
10.12) E2
10.13) E2
10.14) E1

E2

反應速率

極好的　好的　壞的

E1

反應速率

極好的　好的　壞的

10.15)
10.16) 好的，兩個都有
10.17) 極好的，E1
10.18) 好的，兩個都有
10.19) 壞的，也許有E2但無E1
10.20) 好的，兩個都有
10.21) 壞的，也許有E2但無E1
10.23) E2
10.24) E2
10.25) E1
10.26) E1

10.27) 沒有反應；由於壞的離去基，完全無E1。並且因為在場的鹼很弱，E2也不發生。
10.28) 參考你的教科書或課堂筆記

10.29) 柴澤夫　　　霍夫曼

10.30) 柴澤夫　　　霍夫曼

10.31) 柴澤夫　　　霍夫曼

10.33)

10.34)

10.35) Et

10.36) Et

第 12 章

12.3) OH　+

12.4) OH　+

12.5) OH　+

12.6)

12.7) Cl

12.8) O　+

12.9)

12.10)

12.11)

12.12) +

重要名詞英中對照

A

acid-base reaction	酸－鹼反應
addition reaction	加成反應
anti addition	反式加成
anti conformation	反式組態
anti-Markovnikov addition	反馬可尼可夫加成
aprotic solvent	非質子溶劑
axial substituent	軸取代基

B

basicity	鹼度
bent structure	曲形結構

C

charge	電荷
chair conformation	椅式構形
chiral center	立體中心（對掌性中心）
clouds of electron density	電子雲密度
common name	俗名
configuration	組態
conformation	構形
conjugate base	共軛鹼

D

delocalized	非定域化
deprotonation	去質子化
diastereomer	非鏡像異構物
double bonds	雙鍵

E

eclipsed conformation	重疊式構形
electron	電子
electronegative	陰電性
electrophile	親電子基

elimination reaction   脫除反應
enantiomer   鏡像異構物
equatorial substituent   赤道取代基

F

Fischer projection   費雪投影式
formal charge   形式電荷
functional group   官能基

G

gauche   間扭式

H

Hoffmann product   霍夫曼產物
hybridized orbital   混成軌域
hyperconjugation   超共軛

I

induction   感應
intermediate   中間產物

K

kinetics   動力學

L

leaving group   離去基
linear structure   直線結構
lone pair   未鍵結電子對

M

Markovnikov addition   馬可尼可夫加成
mechanism   機構
meso compound   內消旋化合物
multistep synthese   多步驟合成

N

Newman projection	紐曼投影式
nonpolar solvent	非質子溶劑
nucleophile	親核基
nucleophilicity	親核性

O

octet rule	八隅體法則
one-step synthese	一步合成
orbital	軌域

P

parent chain	主體
periodic table:	週期表
polarized light	偏極光
primary substrate	一級受質
protic solvent	質子性溶劑

R

racemic mixture	消旋混合物
regiochemistry	區域選擇性
resonance	共振
resonance structure	共振結構
retrosynthetic analysis	溯徑合成分析法
ring flipping	環翻轉

S

solvent	溶劑
solvent shell	溶液層
staggered conformation	交錯式構形
stereocenter	立體中心
stereochemistry	立體化學
stereoisomer	立體異構物
stereoisomerism	立體異構現象
steric hinderance	立體阻礙
substituent	取代基

substitution reaction	取代反應
substrate	受質
symmetry	對稱
syn addition	順式加成

T

tertiary substrate	三級受質
tetrahedral structure	四面體結構
thermodynamics	熱力學
trans conformation	反式構形
trigonal planar structure	平面三角形結構
trigonal pyramidal structure	三角錐結構
triple bonds	參鍵

U

| unsaturation | 不飽和狀態 |

V

valence electron	價電子
Valence shell	價殼層
Valence shell electron pair repulsion theory (VSEPR)	價殼層電子對互斥理論

W

| wedges and dashes | 楔形鍵與虛線鍵 |

Z

| Zaitsev product | 柴澤夫產物 |

科學天地 95A
有機化學天堂祕笈

原　　著／克萊因（David R. Klein）
譯　　者／師明睿
顧 問 群／林　和、牟中原、李國偉、周成功
事業群發行人／CEO／總編輯／王力行
資深行政副總編輯／吳佩穎
編輯顧問／林榮崧
責任編輯／林文珠
副 主 編／林韋萱
美術編輯暨封面設計／江儀玲

出版者／遠見天下文化出版股份有限公司
創辦人／高希均、王力行
遠見・天下文化・事業群 董事長／高希均
事業群發行人／CEO／王力行
天下文化社長／總經理／林天來
國際事務開發部兼版權中心總監／潘　欣
法律顧問／理律法律事務所陳長文律師　　著作權顧問／魏啓翔律師
社　　址／台北市 104 松江路 93 巷 1 號 2 樓
讀者服務專線／（02）2662-0012
傳真／（02）2662-0007, 2662-0009
電子信箱／cwpc@cwgv.com.tw
直接郵撥帳號／1326703-6 號 遠見天下文化出版股份有限公司

電腦排版／極翔企業有限公司
製 版 廠／東豪印刷事業有限公司
印 刷 廠／盈昌印刷有限公司
裝 訂 廠／台興印刷裝訂股份有限公司
登 記 證／局版台業字第 2517 號
總 經 銷／大和書報圖書股份有限公司　電話／（02）8990-2588
出版日期／2007 年 10 月 19 日第一版
　　　　　2018 年 03 月 26 日第二版
　　　　　2019 年 06 月 10 日第二版第 4 次印行

定 價／400 元

原著書名／**Organic Chemistry I as a Second Language: Translating the Basic Concepts**
Copyright © 2003 by John Wiley & Sons, Inc.
Complex Chinese Edition Copyright © 2007, 2018 by Commonwealth Publishing Co., Ltd.,
a division of Global Views - Commonwealth Publishing Group
This translation published under license with the original publisher John Wiley & Sons, Inc. .
ALL RIGHTS RESERVED

書號：BWS095A

天下文化官網
bookzone.cwgv.com.tw

本書如有缺頁、破損、裝訂錯誤，
請寄回本公司調換。

國家圖書館出版品預行編目資料

有機化學天堂祕笈 / 克萊因 (David R. Klein) 著；
師明睿譯 . -- 第一版 . -- 臺北市：遠見天下，2007.10

　　面；　公分 . -- (科學天地；95)

譯自：Organic chemistry I as a second language :
　　　translating the basic concepts

ISBN 978-986-216-008-4(平裝)

1. 有機化學

346　　　　　　　　　　　　　　　96018466

元素週期表

	1	2	3	4	5	6	7	8	9
週期一	1 氫 H								
週期二	3 鋰 Li	4 鈹 Be							
週期三	11 鈉 Na	12 鎂 Mg							
週期四	19 鉀 K	20 鈣 Ca	21 鈧 Sc	22 鈦 Ti	23 釩 V	24 鉻 Cr	25 錳 Mn	26 鐵 Fe	27 鈷 Co
週期五	37 銣 Rb	38 鍶 Sr	39 釔 Y	40 鋯 Zr	41 鈮 Nb	42 鉬 Mo	43 鎝 Tc	44 釕 Ru	45 銠 Rh
週期六	55 銫 Cs	56 鋇 Ba	57-71 鑭系元素	72 鉿 Hf	73 鉭 Ta	74 鎢 W	75 錸 Re	76 鋨 Os	77 銥 Ir
週期七	87 鍅 Fr	88 鐳 Ra	89-103 錒系元素	104 鑪 Rf	105 鉌 Db	106 𨭎 Sg	107 𨨏 Bh	108 𨭆 Hs	109 䥑 Mt

57 鑭 La	58 鈰 Ce	59 鐠 Pr	60 釹 Nd	61 鉕 Pm	62 釤 Sm	63 銪 Eu
89 錒 Ac	90 釷 Th	91 鏷 Pa	92 鈾 U	93 錼 Np	94 鈽 Pu	95 鋂 Am

											18
											2 氦 He
		13	14	15	16	17					
		5 硼 B	6 碳 C	7 氮 N	8 氧 O	9 氟 F	10 氖 Ne				
10	11	12	13 鋁 Al	14 矽 Si	15 磷 P	16 硫 S	17 氯 Cl	18 氬 Ar			
28 Ni	29 銅 Cu	30 鋅 Zn	31 鎵 Ga	32 鍺 Ge	33 砷 As	34 硒 Se	35 溴 Br	36 氪 Kr			
46 Pd	47 銀 Ag	48 鎘 Cd	49 銦 In	50 錫 Sn	51 銻 Sb	52 碲 Te	53 碘 I	54 氙 Xe			
78 Pt	79 金 Au	80 汞 Hg	81 鉈 Tl	82 鉛 Pb	83 鉍 Bi	84 釙 Po	85 砹 At	86 氡 Rn			

64 Gd	65 鋱 Tb	66 鏑 Dy	67 鈥 Ho	68 鉺 Er	69 銩 Tm	70 鐿 Yb	71 鎦 Lu
96 Cm	97 鉳 Bk	98 鉲 Cf	99 鑀 Es	100 鐨 Fm	101 鍆 Md	102 鍩 No	103 鐒 Lr